Procreate

室内设计 手绘技法教程

王振 孙芳真 ◎ 编著

人民邮电出版社

北 京

图书在版编目（ＣＩＰ）数据

Procreate室内设计手绘技法教程 / 王振，孙芳真编
著. -- 北京 : 人民邮电出版社，2023.10
ISBN 978-7-115-61886-3

Ⅰ. ①P… Ⅱ. ①王… ②孙… Ⅲ. ①室内装饰设计－
计算机辅助设计－教材 Ⅳ. ①TU238.2-39

中国国家版本馆CIP数据核字(2023)第104227号

内 容 提 要

本书是用 Procreate 进行室内设计手绘的技法教程，全面系统地讲解了 Procreate 的用法。

全书共 11 章，首先讲解了 Procreate 软件的基本操作与工具、Procreate 笔刷、Procreate 室内设计
手绘基础等，然后讲解了 Procreate 功能的用法及室内装饰元素、室内单体与软装、平面图、立面图、
透视草图、不同类型效果图、鸟瞰图与轴测图的表现技法，最后为 iPad 室内设计手绘作品欣赏，是一
本室内设计手绘技法从零基础到进阶的专业教程。

本书提供了实例效果源文件及实例绘制所用笔刷，以方便读者学习。

本书适合室内设计从业人员和相关专业的在校生学习和参考使用。

◆ 编　　著　王　振　孙芳真
　　责任编辑　张　璐
　　责任印制　马振武

◆ 人民邮电出版社出版发行　　北京市丰台区成寿寺路 11 号
　　邮编　100164　　电子邮件　315@ptpress.com.cn
　　网址　https://www.ptpress.com.cn
　　北京宝隆世纪印刷有限公司印刷

◆ 开本：775×1092　1/16
　　印张：17　　　　　　　　　　2023 年 10 月第 1 版
　　字数：500 千字　　　　　　　2023 年 10 月北京第 1 次印刷

定价：109.90 元

读者服务热线：(010)81055410　印装质量热线：(010)81055316
反盗版热线：(010)81055315
广告经营许可证：京东市监广登字 20170147 号

前言

随着时代的发展与科技的进步，室内设计手绘也在不断迭代更新。从传统纸面手绘，到手绘板手绘，再到现在的Procreate手绘，每一次的科技进步与软件升级，都影响了一批又一批的从业人员。相信在不久的将来，随着科技的进步，更多软件、硬件设备的普及，会有更多人开始学习手绘这项技能。

手绘设计表达是设计师的必备素养，设计师能够用自己的双手将创意灵感勾画出来，以展示创意及沟通交流。手绘设计表达不仅能提高效率，更能提升设计师的个人素养。手绘设计表达不仅仅展示了创意，还展示了设计师的审美水平。随着手绘能力的提升，设计师的设计能力也会得到提升。

由于市面上讲解Procreate室内设计手绘技法的专业书籍较少，难以满足目前行业的需求，因此笔者总结了15年的从业经验，以及多年来对Procreate的应用尝试，历时两年，编写了本书。本书是室内设计手绘技法从零基础到进阶的专业教程，案例丰富，讲解细致，希望能够帮助更多人获得提升。

Procreate的主要特点在于界面简约、功能强大、兼容性强、笔刷丰富、易于掌握，基于iPad设备能够满足方案构思、平面布局、效果图绘制、方案修改等实用性需求。出差旅行时，一台iPad就能够满足设计师的日常工作需求，帮助设计师实现移动办公。

本书以讲解方法技巧为主，重在对学习者基本功的培养。手绘学习不仅要苦练积累，更要善于总结，勤于运用，多做尝试，希望读者能够认真学习领悟。

本书的编写得到了孙芳真先生及其行思设计团队、刘浩东先生及其毫米设计团队的大力支持，他们为本书提供的优秀设计案例，成为本书中的主要案例素材。感谢吴健先生为本书提供了众多优秀作品，同时也要感谢沐风设计学院的秦风、郑美丽等老师的积极配合，他们为本书绘制了大量的案例素材。另外，还要感谢姚义琴等人在本书编写过程中给予的指导。

由于编者水平有限，书中疏漏和不足之处在所难免。感谢您选择本书，同时也希望您能够把对本书的意见和建议告诉我们。

编　者
2023年6月

资源与支持

本书由"数艺设"出品，"数艺设"社区平台（www.shuyishe.com）为您提供后续服务。

配套资源

实例效果源文件：部分实例的效果图源文件，包含细节分层图。

笔刷：35个自制笔刷。

资源获取请扫码

（提示：微信扫描二维码关注公众号后，输入51页左下角的5位数字，获得资源获取帮助。）

"数艺设"社区平台　为艺术设计从业者提供专业的教育产品

与我们联系

我们的联系邮箱是 szys@ptpress.com.cn。如果您对本书有任何疑问或建议，请您发邮件给我们，并请在邮件标题中注明本书书名及ISBN，以便我们更高效地做出反馈。

如果您有兴趣出版图书、录制教学课程，或者参与技术审校等工作，可以发邮件给我们。如果学校、培训机构或企业想批量购买本书或"数艺设"出版的其他图书，也可以发邮件联系我们。

关于"数艺设"

人民邮电出版社有限公司旗下品牌"数艺设"，专注于专业艺术设计类图书出版，为艺术设计从业者提供专业的图书、视频电子书、课程等教育产品。出版领域涉及平面、三维、影视、摄影与后期等数字艺术门类，字体设计、品牌设计、色彩设计等设计理论与应用门类，UI设计、电商设计、新媒体设计、游戏设计、交互设计、原型设计等互联网设计门类，环艺设计手绘、插画设计手绘、工业设计手绘等设计手绘门类。更多服务请访问"数艺设"社区平台 www.shuyishe.com。我们将提供及时、准确、专业的学习服务。

目录

第1章

Procreate 的基本操作与工具

1.1 Procreate 手绘概述

本节主要介绍 Procreate 手绘的由来、Procreate 手绘的优势、绘图设备选择，以及一些 Procreate 的基础知识。

1.1.1 Procreate 手绘的由来

随着现代科技的发展，手绘从传统的纸面手绘到现在的数字手绘，使用的工具从水彩到马克笔，从数位板到数位屏，再到现在的 iPad，越来越简单、轻便、智能、人性化。现在使用 iPad 进行手绘逐渐普及，也已被设计师广泛认可。

iPad、Apple Pencil 与 Procreate 的结合，打造出一种全新的室内设计手绘方式。这种方式用现代科技服务设计，可提高设计效率，具有独特、实用、便捷、易上手等优点。

1.1.2　Procreate手绘的优势

利用 iPad 中的 Procreate 进行手绘有诸多优势，总结如下。

（1）界面简洁，功能丰富，操作方便，简单易学。

（2）拥有丰富的笔刷库，无论是绘制草图、线稿还是效果图，都可以轻松完成。

（3）拥有强大的图层功能，能使用户将不同内容分图层存储，以便随时修改。

（4）透视辅助功能强大，能使用户轻松画准透视。

（5）使用户根据现场照片即可进行方案绘制，从而更便捷地与客户沟通。

1.1.3　绘图设备选择

电子产品更新迭代速度较快，目前市面上主流 iPad 均可以流畅运行 Procreate。本书所用的设备是 iPad Pro（11英寸），搭配的触控笔为 Apple Pencil（第2代）。

用户可以根据自己的需求和预算进行购买，不要盲目追求更高规格的 iPad，毕竟适合自己的才是最好的。

1.1.4　Procreate版本介绍

Procreate 是商业插画设计师及数字绘画爱好者经常使用的软件。随着行业的发展，越来越多的室内设计师开始使用 Procreate 进行创作。该软件功能强大且容易上手，在设计行业已得到广泛应用。

Procreate 的主要特点是具有简洁的窗口布局、丰富的笔刷库及各类易用的绘图辅助工具。结合 iPad 的便携性，Procreate 非常适合设计师日常绘图使用。

本书操作使用的绘图软件版本是 Procreate 5X。

由于设备与软件更新迭代速度较快，本书将以讲解软件基础应用为主，以画法技巧为重点，避免因设备与软件更新而影响本书的使用。

1.1.5　Procreate的界面

Procreate简洁的操作界面、清爽的界面风格，让设计师在绘图时拥有更加舒适的操作体验。下图所示是Procreate界面。

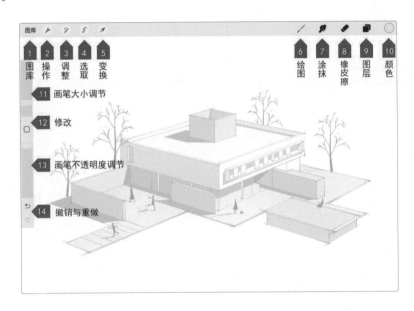

1. 左上工具栏

用户在界面左上方能够找到所有用来编辑和调整画面的工具，包括图库、操作、调整、选取和变换。

（1）图库：支持管理作品、创建新画布、导入图像素材，以及分享与导出作品等操作。

（2）操作：包含插入、分享和调整画布等实用功能，还可以调整界面和触摸设置。

（3）调整：专业的图像调整工具，不仅可以用于修饰画面、快速调节色彩，而且可以用于添加泛光、故障艺术和半色调等特殊效果。

（4）选取：包含自动、手绘、矩形和椭圆4个多用途的选取工具，可精准控制图像编辑和作品修改的操作。

（5）变换：包含自由变换、等比、扭曲和弯曲4种变换工具，可以对画布进行灵活变换。

2. 右上工具栏

用户在界面右上方能找到创作需要的所有工具，包括绘图、涂抹、橡皮擦、图层和颜色。

（1）绘图：Procreate自带上百种个性化笔刷，能够满足用户基本的绘图需求；笔刷的导入、导出操作方便，用户还可以自定义画笔库。

（2）涂抹：主要用于色彩的过渡和渲染，可以自定义各种模式。

（3）橡皮擦：可用于修改错误或进行微调；也可以在画笔库中挑选笔形，进行个性化擦除；还可以作为画笔使用。

（4）图层：功能非常强大，可以在已完成的图像上叠加更多内容，在不影响原图的基础上轻松移动、编辑或删除个别元素。

（5）颜色：简约的色盘、多种颜色的界面样式，可以让用户在绘图时更加方便、快捷地拾取颜色；用户还可以根据创作需求自制调色板，方便对颜色的管理与使用。

3. 侧栏（快捷操作栏）

用户在界面左侧可以找到各种修改工具，用于调整画笔尺寸及不透明度等。

（1）画笔大小调节：往上拖曳滑块，增大笔刷尺寸，可以绘制较粗的线条；往下拖曳滑块，减小笔刷尺寸，可以画出较细的线条。

（2）修改：点击正方形的修改按钮，出现选色吸管，可以在画布上直接吸取颜色。

（3）画笔不透明度调节：往上或往下拖曳滑块，可以降低或提高笔刷的不透明度。

（4）撤销与重做：画图过程中如果出错，那么可以点击"撤销"或"重做"按钮。

1.1.6　Procreate的基本设置

Procreate既可以根据个人使用习惯进行设置，也可以使用默认的设置。下面介绍常用的基本设置。

1. 界面风格设置

点击"操作"按钮，打开"操作"界面，开启"偏好设置"选项，用户可以根据个人使用习惯完成基本设置。

在"操作"界面中对界面风格进行设置，此处打开"浅色界面"开关将界面设置成白底，打开"画笔光标"开关显示笔触的轮廓边缘，这样用户绘图时就可以看到笔触的形状。

2. 禁用触摸操作设置

为防止手指误碰导致画错，可以在"偏好设置"中对常用手势进行设置。

点击"操作"→"偏好设置"→"手势控制"→"常规"，开启"禁用触摸操作"选项。设置后，用户在使用Apple Pencil绘图时，就不会因为手指误碰而影响画图操作了。

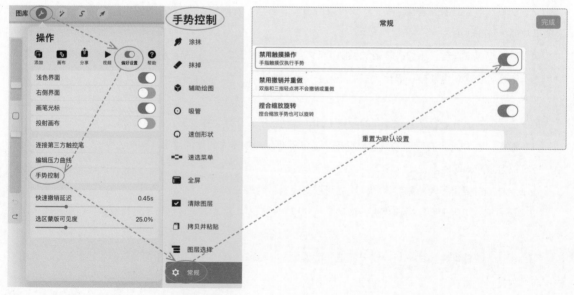

3. 关闭画笔和橡皮擦切换功能

使用Apple Pencil点击两下屏幕可实现画笔和橡皮擦的快速切换。为了避免画图时因为手指误碰而影响画图操作，使用前可以手动关闭这个功能。

打开iPad的"设置"界面，点击"Apple Pencil"，在"轻点两下"下找到"关闭"按钮，点击"√"完成关闭操作。

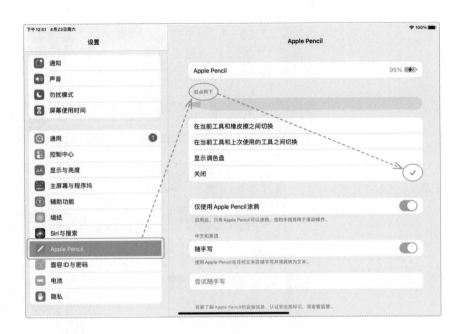

4. 速选菜单设置

点击"操作"→"偏好设置"→"手势控制"→"速选菜单"，开启"轻点□"选项，设置后点击"完成"按钮。

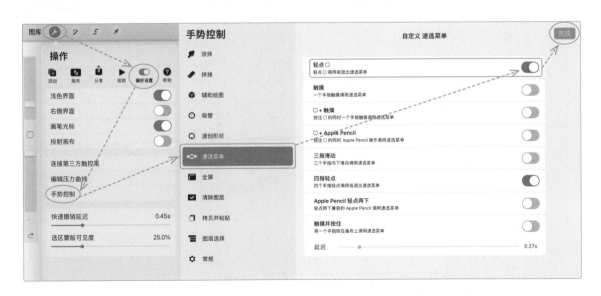

回到主界面，点击画面左侧快捷操作栏中的⬚即可弹出速选菜单。

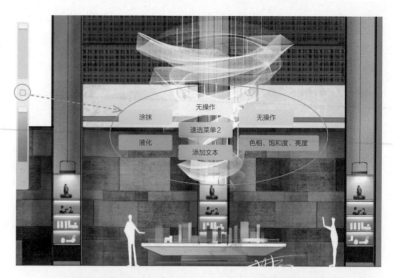

用户也可以对每一个菜单进行设置，长按一个菜单就可以打开对应的"设置操作"页面，在其中进行对应的快捷操作。

5. 吸取颜色

点击"操作"→"偏好设置"→"手势控制"→"吸管"，开启"自定义吸管"下的一个或多个选项，最后点击"完成"按钮。

按照"触摸并按住"设置进行颜色的吸取，长按屏幕出现吸色圆环，点击画面任意位置就可以吸取颜色。吸取颜色成功后，画布右上角会出现相应的颜色。

6. 速创形状

对"速创形状"进行设置，可以帮助用户快速绘制形状。其设置方法如下。

点击"操作"→"偏好设置"→"手势控制"→"速创形状"，开启"自定义速创形状"下的"绘制并按住"选项，最后点击"完成"按钮。

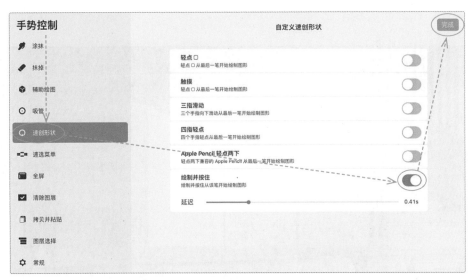

画圆形的操作是：首先在画面中随意画一个接近圆形的图形，然后停顿几秒，接着用左手食指点击画面，就得到规整的圆形了。

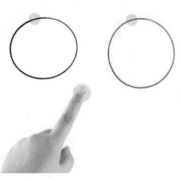

7. 图层选择

在绘图过程中，会新建非常多的图层，每次查找都非常麻烦，用户可以通过快捷设置快速查找图层。

点击"操作"→"偏好设置"→"手势控制"→"图层选择"，开启"自定义图层选择"下的"□+Apple Pencil"选项，最后点击"完成"按钮。

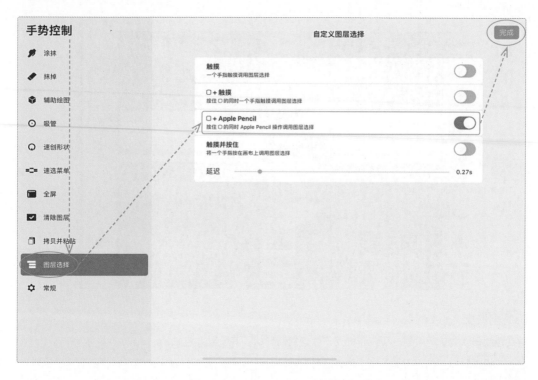

长按快捷操作栏中的"▢"工具，然后用Apple Pencil点击所要查看图层的位置，可以快速查看对应图层。

8. 辅助绘图

在绘图过程中，如需反复切换"辅助绘图"与"徒手绘图"进行操作，一次次地按常规操作进行设置会非常麻烦，对"辅助绘图"进行快捷设置，可以实现快速切换操作。

点击"操作"→"偏好设置"→"手势控制"→"辅助绘图"，开启"自定义辅助绘图"下的"轻点▢"选项，最后点击"完成"按钮。

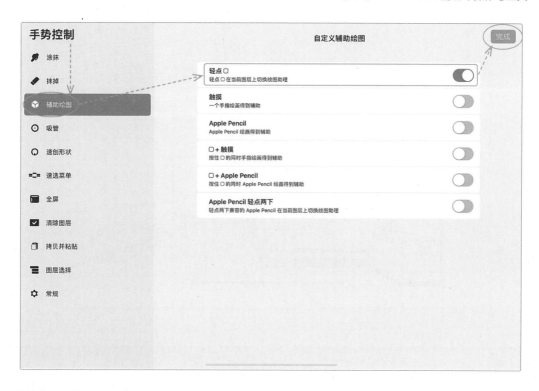

在绘图过程中，首先根据画面透视规律建立透视辅助。

然后通过设置好的快捷操作来实现透视辅助的开或关，点击快捷操作栏中的"□"就可以轻松切换。

点击此处实现透视
辅助的开或关

1.1.7 手势快捷操作

Procreate 的手势快捷操作，可以帮助用户灵活绘图。

1. 单指长按快速吸取颜色

单指长按屏幕可以快速吸取当前颜色，不需要反复使用调色板。

2. 双指捏合缩放

双指捏合可以实现画布的缩放，以便用户观察画面全局与细节。

3. 双指捏合旋转

双指捏合可以实现画布的旋转。

4. 双指点击快速撤销/双指长按连续撤销

当绘图出现失误时，双指点击屏幕，可以快速撤销前一步操作；双指长按屏幕，可以连续撤销多步操作。

5. 三指点击重做

当撤销了过多的操作时，三指点击屏幕就能重做一步操作，点击一次返回一步；三指长按屏幕则可快速重做一系列操作。

6. 三指下拉调用快捷操作

三指下拉可以调用快捷操作，实现剪切、复制、粘贴等操作。

7. 四指点击隐藏或显示工具栏

在正常模式下，四指点击屏幕可以进入全屏模式，隐藏工具栏；四指再点击屏幕，则可返回正常模式。

8. 五指捏合退出

五指捏合可以退出程序，返回桌面。

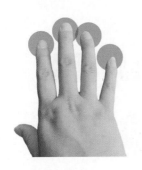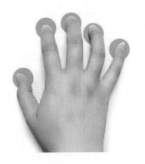

9. 图库界面手势快捷操作

（1）移动。单指放在要移动的作品上并长按，选中作品后可将其移动到相应位置，移动过程中手指不要松开。

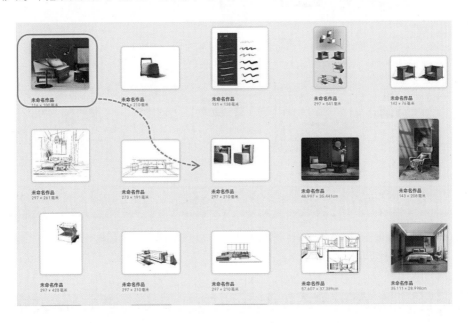

（2）成"堆"。将一个或多个作品移动到另一个作品上方，当下方作品变成蓝色时松手，就会形成一个"堆"。"堆"可以理解为一个文件夹，并能进行命名。

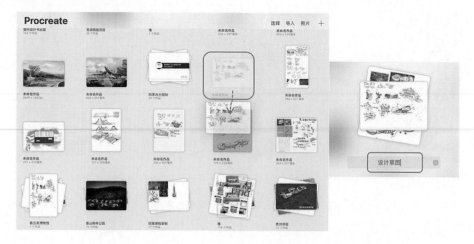

使用同样的方法可以将单个或多个作品拖进"堆"中，反之，则可以将单个或多个作品从"堆"中拖出。

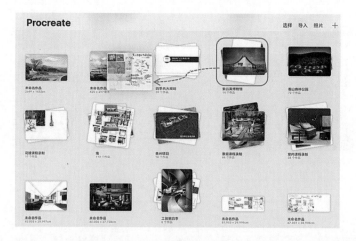

（3）作品的分享、复制、删除。在单个作品或"堆"上单指左滑，可以实现作品的分享、复制、删除。

1.2　基本操作

Procreate的操作功能很多，如画布创建、素材添加、画布的辅助操作、作品的分享与导出、视频功能、偏好设置与帮助等。本节将对这些操作功能做详细介绍。

1.2.1　画布创建

在进行操作之前，要先完成画布的创建。

1.新建画布

点击"+"按钮创建画布，软件会提供默认画面尺寸，用户可根据创作需求来选择合适的尺寸。

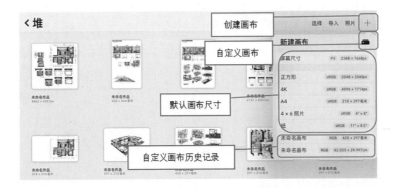

2. 自定义创建画布

点击"新建画布"面板右上角的"■"按钮，打开"自定义画布"面板，用户可以根据创作内容自定义画布。

画布尺寸通常以毫米、厘米等为单位，画布大小以A4、A3为主，作品的分辨率不低于300DPI，最大图层数因画布大小和iPad存储容量而变化。

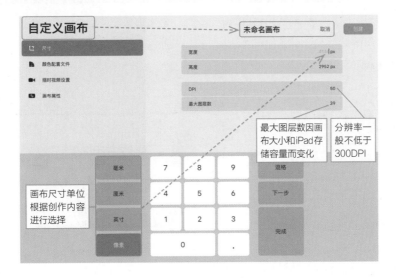

3. 缩时视频设置

Procreate 带有缩时视频功能，尺寸为1920px×1080px，视频质量可根据创作内容和视频使用需求进行选择，一般选择"优秀质量"。

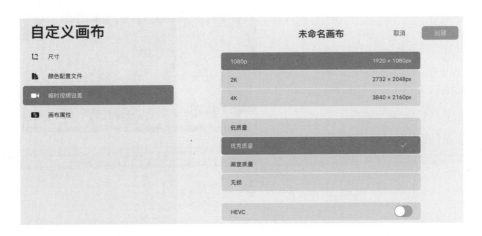

1.2.2 素材添加

利用"添加"选项，可以完成素材的添加。

（1）插入文件：可从设备文件夹中导入素材。

（2）插入照片：可从设备相册中导入素材。

（3）拍照：可利用相机拍照完成素材的导入。

（4）添加文本：用于编辑文字。

（5）剪切：用于剪切当前画布上的对象。

（6）拷贝：用于复制当前画布上的对象。

（7）拷贝画布：可复制整个图层作为单个图像。

（8）粘贴：可粘贴剪切或复制的对象，三指下滑可快速完成此操作。

1.2.3 画布的辅助操作

利用"画布"选项，可以完成画布的编辑等相关操作。"画布"选项主要包括裁剪并调整大小、绘图指引、参考、翻转等功能。

（1）裁剪并调整大小：可以完成画布的裁剪。

（2）绘图指引：Procreate中常用的绘图指引功能有2D网格、等大、透视、对称等，对日常绘图有很大的帮助。下面是绘图指引功能的用法分析。

2D网格：主要用于平面图的绘制，提供水平、垂直线条；使用时可以在调整栏中更改不透明度、粗细度、网格尺寸等；如果绘图时需要不同的比例，可以在"网格尺寸"中调整网格大小，利用网格提供比例参考。

对网格尺寸进行调整可以设置不同的比例。设计建筑、景观等的前期方案时，可以根据场地大小及绘图精细程度确定比例，从而得到不同的比例尺。

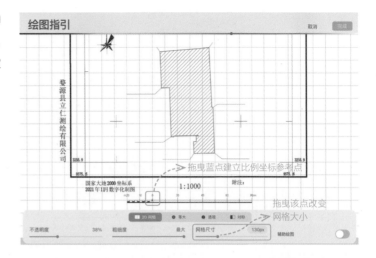

绘制室内设计平面图时，同样可以根据图纸大小及绘图精细程度确定对应比例。

🔍 提示

如需使用斜线辅助，可通过调整蓝点、绿点对网格角度进行更改来实现。

等大：如果需要绘制建筑轴测图，可以开启"等大"辅助。此时，绘制的都是平行线条，不存在透视，且比例准确。"等大"辅助功能在绘制建筑轴测图时比较常用。

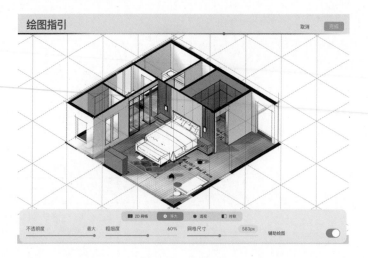

透视：可以实现一点透视、两点透视、三点透视等常用透视的辅助操作。

点击画布一处，创建一点透视；

点击画布两处，创建两点透视；

点击画布三处，创建三点透视。

拖曳蓝点（消失点），可以改变其位置。

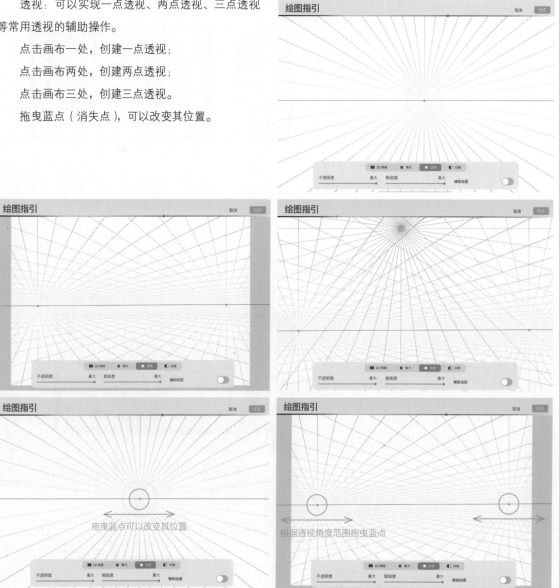

对称：使用"对称"辅助可以非常方便地绘制对称形体。开启"对称"辅助以后，只需要绘制形体的一侧，另一侧就可以自动准确地被绘制出来。

绘制垂直方向的对称形状时，需要打开"指引选项"下的"垂直"选项；绘制水平方向的对称形状时，需要打开"水平"选项。

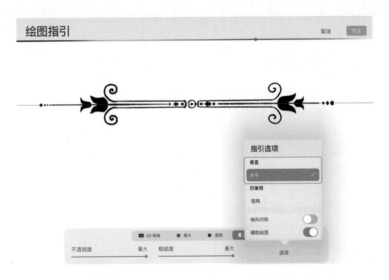

"指引选项"下还有很多辅助操作。如使用"四象限"辅助，既可以绘制简单的四人餐桌，还可以绘制复杂的纹样。

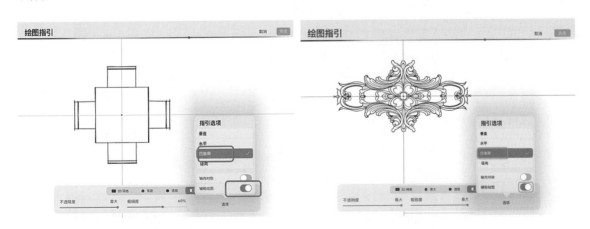

使用"径向"辅助，可以快速绘制室内平面元素和复杂纹样。

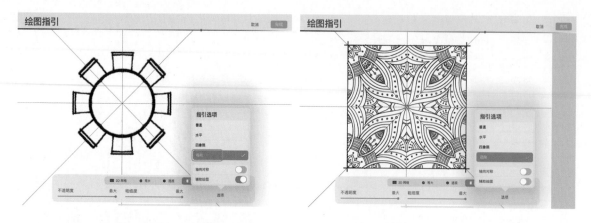

以上就是关于画布的辅助操作的介绍，大家可以灵活运用，创作出优秀的作品。

1.2.4 作品的分享与导出

在Procreate中，作品可以被分享与导出为多种格式的文件，以便用户协同作业。

进行作品分享时，可以选择"隔空投送""邮件""微信""QQ"等多种方式，也可以直接点击"存储图像"将作品导出为iPad本地照片。

作品完成以后，既可以分享与导出单个作品，也可以分享与导出多个作品。下面先讲解单个作品的分享与导出方法。

单个作品分享与导出流程：点击"操作"→"分享"，选择作品导出格式和分享方式或直接点击"存储图像"，即可完成分享或导出。

作品分享与导出格式根据作品使用需求来决定，可以通过社交软件在线传输，也可以选择保存到本地相册。

下面以将多个作品分享与导出为PDF格式文件为例进行讲解。

多个作品分享与导出流程：点击"选择"，选中需要导出的作品，点击"分享"，依次选择作品格式、PDF质量和导出方式，即可完成分享或导出；也可以点击"存储到'文件'"完成导出。

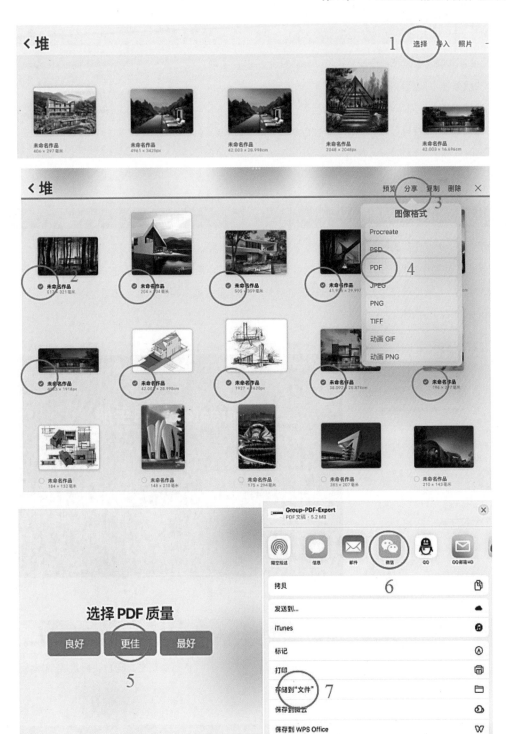

> **🔍 提示**
>
> 　　将多个作品以PDF格式文件分享与导出时，作品尺寸要统一，横竖要一致，这样分享与导出的PDF文件才会美观，而不会杂乱无章。

1.2.5 视频功能

Procreate自带绘画过程视频记录功能，可方便用户查看绘画过程。

点击"视频"，可以看到常用的功能。

缩时视频回放：可以实时查看绘画过程。

录制缩时视频：默认打开，Procreate会自动录制绘画过程。

导出缩时视频：可以将绘画过程导出。

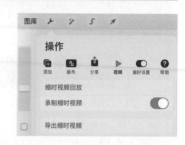

1.2.6 偏好设置与帮助

"偏好设置"功能在前面已经进行了介绍，大家可以自行查看。

在"帮助"功能中，用户只需要了解"Procreate使用手册"，这是Procreate的官方使用介绍，全面系统地讲解了Procreate所有功能的使用方法。本书只是针对室内设计手绘常用的工具进行介绍，零基础的用户可以详细阅读"Procreate使用手册"。

1.3 调整工具

调整工具包括色彩调节工具、模糊工具、液化工具、克隆工具。使用调整工具可以更好地完成室内设计绘图工作，设计师需要熟练掌握并灵活运用该工具。

1.3.1 色彩调节工具的用法

画面完成后，需要调整色彩时，可以使用Procreate的色彩调节工具。例如调整色相、饱和度和亮度，微调颜色平衡，用曲线配合直方图调整色彩、添加渐变映射等。

1. 色相、饱和度、亮度

对色相、饱和度、亮度进行调整是色彩调节工具中的基础操作。下图所示为

色彩调整前后的效果对比。

拖曳下方3个滑动键，可以控制画面的整体色彩。

（1）色相决定画面的整体色调，拖曳滑动键会使色相发生变化。

（2）饱和度决定色彩强度，拖曳滑动键可以调整色彩的鲜艳程度。

（3）亮度决定画面的明亮程度，拖曳滑动键可以调整画面的明亮程度。

2. 颜色平衡

颜色平衡可以调整画面色调，同时也可以为画面填色。下图所示是颜色平衡调整前后的效果对比。

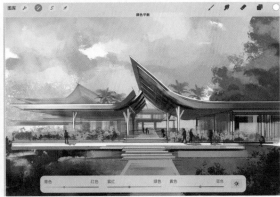

屏幕中的颜色由三原色组成，即红色、绿色、蓝色。通过颜色平衡的调整，画面的色调更为统一，色彩更加丰富。

3. 曲线

利用曲线工具可改变画面色彩和实现色彩平衡，是调节色彩的高阶方式。

此工具用曲线和直方图来表示画面上的色调参数，可以通过调整曲线来改变色彩。直方图用于反映画面上各个色彩的分布与多少，用户调整曲线时，能够从中直观感受到色彩的变化。

4. 渐变映射

渐变映射主要用于调整画面的高光、中间调和阴影部分，以新的渐变映射填充色取代原图色阶。

不同色系的渐变映射的画面如下图所示。

渐变色库自带8种预设渐变映射效果，如神秘、微风、瞬间、威尼斯、火焰、霓虹灯、黑暗、摩卡等。这些效果都可以直接应用于画面，点击任何一种即可完成颜色套用。在渐变映射的色库里左、右拖曳，可以让各种渐变色在画面上得以应用。

长按一个预设渐变映射效果，就能对它进行删除或复制；长按并拖曳一个预设渐变映射效果，就能在渐变映射色库里改变它的位置。

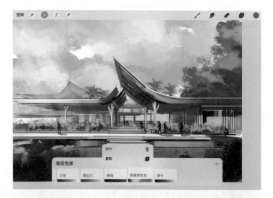

在渐变映射色库中新建或编辑预设渐变映射效果时会进入渐变映射色阶界面。界面渐变色条左侧方框影响的是图像中的阴影和暗调处，右侧方框影响的是图像的高光和亮调处。在渐变色条的任一位置双击，可以弹出颜色选择面板。

1.3.2　模糊工具的用法

模糊工具主要有3种：高斯模糊、动态模糊和透视模糊。

1. 高斯模糊

高斯模糊能将当前画面边缘柔焦化，让画面具有柔和、失焦的视觉效果。高斯模糊可以撤销、重做、重置或取消。

使用高斯模糊时，界面上方会出现一个长条，这个长条显示的是画面高斯模糊的程度。

默认为0%，即无模糊效果；向右滑动能增强模糊效果，向左滑动能减弱模糊效果。

下图所示为原图与高斯模糊窗外背景后图像的效果对比。

2. 动态模糊

动态模糊用于为当前画面增添条纹式的模糊效果，从而为画面增添速度感及动态感。

3. 透视模糊

透视模糊用于创造全面或单向的放射性模糊来表现镜头缩放或爆破效果，能撤销、重做、重置或取消。

使用透视模糊时，屏幕上会出现一个小圆盘，这将成为透视模糊的放射来源点。小圆盘的位置为透视模糊的视觉中心，手指左右滑动可改变模糊程度。

1.3.3 液化工具的用法

不同于用拖曳的方式来增添效果，液化工具更像笔刷，使用手指或Apple Pencil便可改变画面效果。

液化工具中提供了6种不同的液化模式，包括推、转动、捏合、展开、水晶和边缘。将它们结合使用或配合其他工具使用，能得到多样、实用又独特的画面效果。

在底部菜单栏中可以看到，液化模式默认为"推"，用户可以根据自己的需要来选择不同的液化模式。

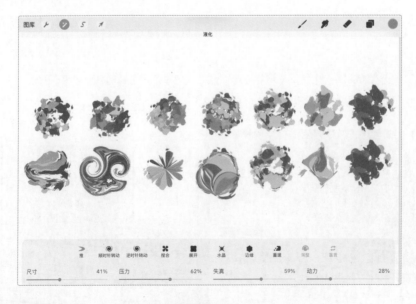

（1）推：增强版的涂抹功能，可按照笔画方向推动像素。

（2）转动：有顺时针和逆时针两个方向，可在笔画周边转动像素。

（3）捏合：可吸收笔画周围的像素。

（4）展开：将像素从笔画向外推开，创作出如吹气球般的效果。

（5）水晶：将像素从笔画不平均地推开，创造出细小尖锐的碎片效果。

（6）边缘：以线状方式吸收周围的像素，看似将图像对半折起。

（7）重建：可将当前液化效果还原为原始效果。

（8）调整：可以通过调整强度数值来提高或降低液化的程度。

（9）重置：可撤销液化操作而不退出液化界面。

屏幕底部有液化工具的各种选项。

（1）尺寸：控制笔触尺寸，可决定液化效果影响的范围。

（2）压力：根据按压Apple Pencil的力度，可决定液化效果的程度。

（3）失真：可使液化效果更扭曲、有锯齿或转动幅度更大。

（4）动力：可让液化效果在笔尖从屏幕上离开后持续变形。

1.3.4　克隆工具的用法

使用克隆工具可以快速又自然地完成复制，如将画面的某一部分复制并粘贴到另一部分中、用画面的一部分取代另一部分。克隆工具类似于Photoshop中的仿制图章工具。

打开克隆工具，以小圆圈为来源点开始绘图，可以把小圆圈框选的内容复制至任意处。下图所示为分别把画面的局部复制到旁边的空白处。

> 🔍 提示
>
> 　用户可以选择Procreate画笔库中的任意笔刷作为克隆笔刷，也可以根据材质和纹理进行选择。

使用克隆工具可以对素材进行修改。针对要修改的内容，选择适当的笔刷，有利于边缘的融合。使用边缘较为模糊的"喷溅涂抹笔刷"，边缘会融合得更加协调自然；使用边缘硬朗的笔刷，则边缘会融合得较为生硬。

下图所示为使用克隆工具对素材进行修改前后的效果对比。

1.4 选取工具

选取工具是Procreate中常用的工具之一。本节主要介绍选取工具的基本用法和高级选项用法。

1.4.1 选取工具的用法

选取工具可以对作品上的选区进行绘画、涂抹、使用橡皮擦、填充上色、变换等操作，而不影响选区之外的部分。

下图所示为选取工具的界面，其提供了"自动""手绘""矩形""椭圆"等选项，以及一系列高级选项。

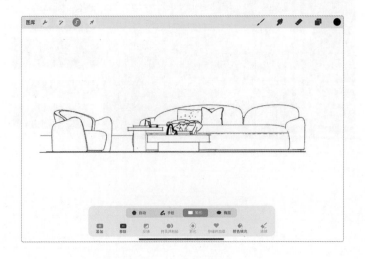

1. 自动

使用"自动"模式时，单指点击即选，如同色彩快填，在选区上拖曳即可调整选区阈值。"自动"模式适用于选择色块干净、统一，并且没有很多渐变色的区域。

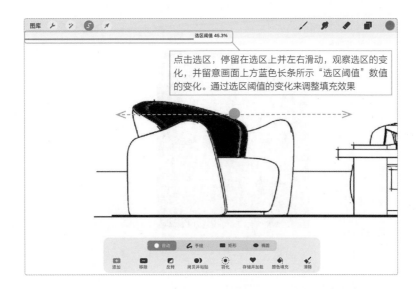

点击选区，停留在选区上并左右滑动，观察选区的变化，并留意画面上方蓝色长条所示"选区阈值"数值的变化。通过选区阈值的变化来调整填充效果

提示

　　因为有时候使用"自动"模式可能会出现将区域以外的内容选中或者没有将区域内的内容全部选中的情况，所以选择后不要立即离开屏幕，稍微停顿几秒，在屏幕上左右滑动，通过调整选区阈值来调整选择区域。

　　需要注意的是，选择时线框是闭合的或者是干净、没有渐变的色块，才能实现自动选择。

・"自动"模式的用法

　　在日常绘图过程中，设计师会使用图片来补充和完善画面。一些带有背景的图片无法直接使用，需要去除图片的背景以满足使用需求。

　　下面讲解使用选取工具去除图片背景的方法。

01 将素材导入画布中，选择选取工具的"自动"模式，点击白色背景区域即可选取此区域。

首次选取可能会出现多选或者少选的情况，需要对"选区阈值"进行调整

单色背景通常使用选取工具的"自动"模式，需要根据素材内容选取相应的模式

02 使用"自动"模式时，笔尖停留在屏幕上左右滑动可改变"选区阈值"的数值，同时观察画面的效果。

03 对没有选中的区域进行重复操作，以加选细节部分。

04 观察画面，细小的部分可以先忽略，后期再根据画面整体氛围进行涂抹修改。

05 选择"自动"模式,点击背景白色区域即可选中背景。使用"变换工具"将白色背景拖曳至画面以外区域,完成背景底色的删除。

使用"变换工具"将白色背景拖曳至画面以外区域即可删除背景的底色

● PNG格式素材的保存方法

将素材以PNG格式保存至相册,以便后续使用。

保存底色透明的图片时,需要点击此处隐藏背景图层

● 导入素材的3种方法

将素材处理完成后,可以再次导入。

导入方法1

打开画布,点击"操作"→"添加"→"插入照片";从相册中选择素材,即可完成素材的导入。

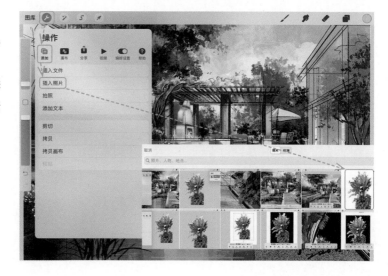

导入方法2

01 打开画布，单指从屏幕底部向上滑，
调出菜单。

02 拖曳图标至屏幕一侧，可以完成分
栏。从相册中选择素材，拖入画布
即可。

导入方法3

利用手势快捷操作完成素材的导入。

01 打开素材所在页面，三指下滑调出
"拷贝并粘贴"选项，点击"拷贝"按
钮，对素材进行复制。

02 返回需要导入素材的页面，三指下
滑调出"拷贝与粘贴"选项，点
击"粘贴"按钮，即可完成素材的
导入。

03 导入植物素材后，可对其进行对齐、
旋转等编辑操作。

● 素材的调整方法

01 导入素材后，选择"调整"工具，
通过调整"色相""饱和度""亮度"
对素材进行色彩调整，使素材的颜
色能够与整个画面的风格相匹配。

02 此时导入的素材边缘存在锯齿，需
要进行擦除或用笔刷涂抹进行修饰，
使素材与画面的衔接更加自然。

植物的叶片可以用笔
刷涂抹进行修饰，以
遮盖锯齿、白边等

2. 手绘

使用"手绘"模式时，需要手动
描线选取区域，选择边缘转折复杂的
物体、日常绘制曲折边线或异形结构
时较为常用。

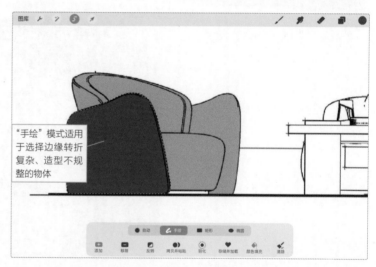

"手绘"模式适用
于选择边缘转折
复杂、造型不规
整的物体

• "手绘"模式的用法

01 在画布中打开要处理的图片素材，
点击"手绘"模式，沿边缘轮廓手
动描绘，形成闭合的选区。点击下
方的"拷贝并粘贴"按钮，即可完
成素材背景的去除。

02 去除素材的背景以后，关闭原素材图层与背景颜色图层。点击"操作"→"分享"，选择"PNG"格式，完成
素材的保存。

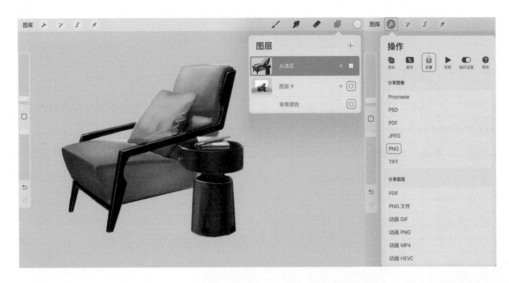

3. 矩形

　　"矩形"模式多用于抠取造型规则
的几何形状。在色块复杂，无法使用"自
动"模式时，可以使用"矩形"模式。

　　下图中卧室背景墙上的装饰画可以
使用"矩形"工具选中，然后使用笔刷
涂抹出纹理质感；也可以使用"矩形"
模式框选矩形区域，然后进行涂抹绘制。
其他规则的几何形，也可以用此方法进
行处理。

4. 椭圆

　　"椭圆"模式在绘制圆形或椭圆形
选区时使用，建立选区可方便对圆形或
椭圆形的造型进行精准控制和涂抹。

1.4.2 选取工具高级选项的用法

Procreate中的选取工具还提供了高级选项，可帮助用户高效绘图。

（1）添加：在"手绘""矩形""椭圆"模式中，点击一次"添加"就能在已选区域外继续绘制新选区；在"手绘"模式中，点击两次"添加"则所有未完成绘制的选区会自动闭合。

（2）移除：如果选区太多或选择了错误的形状，可以点击"移除"轻松剔除选区。

（3）反转：可将选区完整反选。如果已选取特定区域，但想要与之完全相反的选区，只需要点击"反转"即可；再次点击"反转"，可以选择原选区。

（4）拷贝并粘贴：当对选区满意后，点击"拷贝并粘贴"即可复制已选区域并以新图层形式粘贴。

（5）羽化：选取选区后，点击"羽化"，画面上方会出现滑块，拖曳滑块可以调整边缘柔化强度；强度为0%时，选区边缘清晰无比；而随着柔化强度数值变大，选区边缘会变得越来越柔和。在拖曳滑块的同时，能看到选区羽化的效果。

（6）存储并加载：选取局部区域，点击"存储并加载"，再点击位于"选区"字样右上角的"+"图标，就能保存当前选区；在列表中点击任一选区，就能读取先前保存的选区。

（7）颜色填充：点击"颜色填充"，可对选区自动进行颜色填充。

（8）清除选区：点击"清除选区"，可以移除当下选区；如果是不小心点击了"清除选区"，那么可以两指点击以取消清除操作并回到先前选区。

1.5 变换工具

屏幕下方的变换工具栏中提供了4种不同的变换模式，以及对齐、旋转等高级选项，用户可以自由选择以调整图像形状。

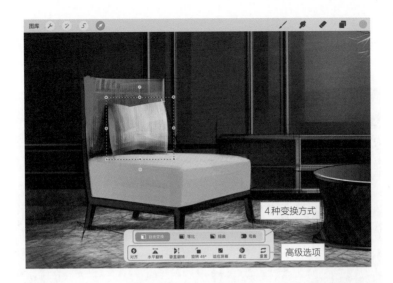

1. 自由变换

使用"自由变换"模式可以在不维持原比例的情况下自由拉伸或缩放图像，如将物件高度拉到最大，而不改变它的宽度。

2. 等比

使用"等比"模式可以保持图像的原比例，实现等比例缩放。

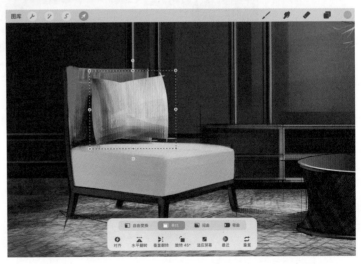

3. 扭曲

使用"扭曲"模式可以拉伸图像，创造透视感；拖曳图像4个角的蓝点，可扭曲该部分。

4. 弯曲

使用"弯曲"模式，图像上方会出现网格，可以拖曳蓝点或图像来创造3D立体效果；还可以折叠图像，实现更复杂的变换操作。

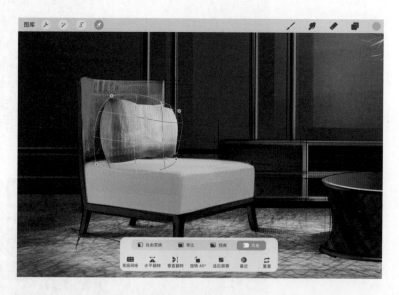

变换工具还有高级选项，可以帮助用户实现更多变换操作。

想了解更多，可查看"Procreate使用手册"。

1.6　涂抹工具

"涂抹"工具可用于渲染色块、平滑线条、混合色彩，使画面的色彩和谐统一。

点击"涂抹"并从画笔库中选定一种笔刷，可以实现色块的渲染。

下图所示为色块渲染前后的效果对比。

使用"涂抹"工具时，设置不同的笔刷形状进行涂抹，会使画面呈现出不同的效果。在画笔库中可以选择画笔样式，在左侧快捷操作栏中可以改变笔刷大小和笔触力度。

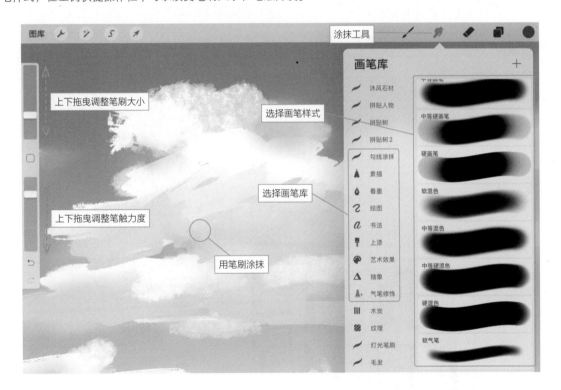

1.7　擦除工具

点击"擦除"，可以根据需要擦除的内容外轮廓从画笔库中选择一种笔刷。

"擦除"工具同样也是一个非常重要的画图工具，可以作为辅助笔刷绘制画面。

使用"擦除"工具，设置不同的笔刷样式可以涂抹出不同的效果，有时还可以代替画笔工具。硬朗、柔软、粗糙等不同质感均可以通过选择不同的笔刷来实现。

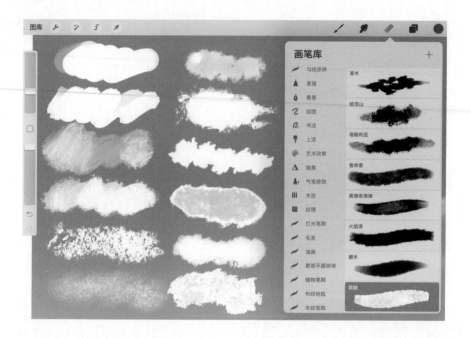

1.8 图层工具

功能强大的"图层"工具给用户的创作带来了很大帮助。进行手绘时，分图层绘制有利于灵活创作，也有利于用户对方案进行修改。

在Procreate的界面右上角，能看到"图层"按钮。

点击"图层"，打开"图层"列表。

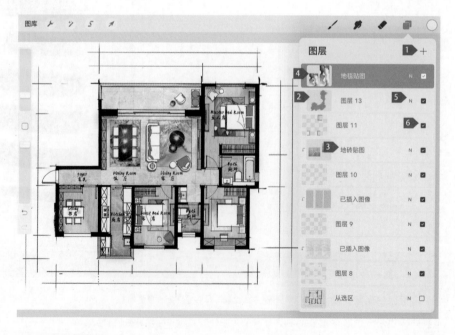

"图层"工具包含以下内容。

（1）新增图层：在"图层"列表的右上角可以看到"+"图标，即"新增图层"按钮，点击即可新增一个图层。

（2）图层缩略图：提供各个图层内容的预览图。

（3）自定义图层名称：另一种可以提醒用户图层内容的方法。根据图层内容命名，方便用户管理与查找图层。

（4）选定图层：在画布上的操作会体现在选定图层上。Procreate会以蓝色高亮显示当前选定图层，方便用户辨识。

（5）图层混合模式：点击各图层右边的英文字母，可设置图层混合模式；图层混合模式在日常画图过程中应用非常广泛，使用它可得到笔刷涂抹达不到的混合效果。

（6）可见图层勾选框：点击可见图层勾选框可以隐藏或显示某图层，实现图层内容的隐藏或可见。

下面介绍"图层"工具的快捷手势操作。

（1）在"图层"列表中单指长按图层，可移动图层位置。

（2）点击图层缩略图，可打开图层编辑选项。

（3）单指左滑图层，可进行图层的"锁定""复制""删除"等操作。

（4）单指右滑图层，可以连续选中多个图层，对图层进行成组、拖曳等操作。

（5）单指点击图层组，可以对图层组进行展开或收起操作。

（6）双指捏合，可合并图层。

（7）双指右滑，可快速进入"阿尔法锁定"模式；再次双指右滑，可取消"阿尔法锁定"模式。

（8）双指长按图层，可快速在画布中选中图层内容。

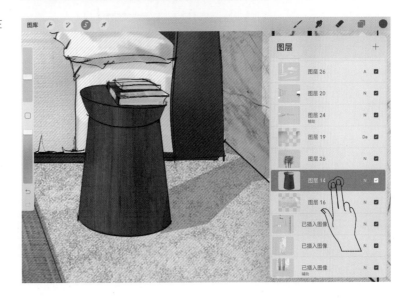

（9）双指点击图层，然后单指在画面中左右滑动，可调节图层的不透明度。

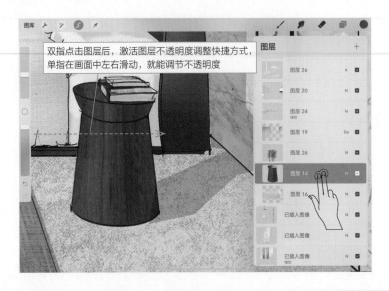

> 🔍 提示
>
> "图层"工具功能强大又复杂，要想了解更多功能，可查看"Procreate使用手册"。

1.9 颜色工具

Procreate中提供了简洁易用的"颜色"工具，并且提供了5种颜色模式，可满足用户个性化的使用需求，使用户在选颜色时更加灵活自如。

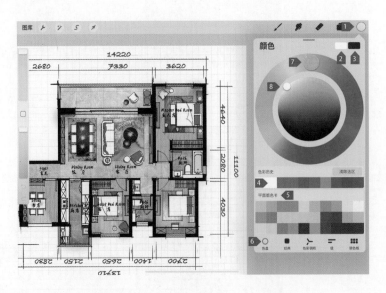

（1）当前颜色：显示当前选定的颜色。

（2）主要颜色："颜色"面板右上角有两个不同颜色的圆角矩形，左边即为主要颜色。

（3）次要颜色：这个功能并不常用，可在"Procreate使用手册"中了解更多运用次要颜色的方法。

（4）色彩历史：显示最近使用的10种颜色。

新建画布时，色彩历史为空白状态。选择颜色后，系统将自动在其中增添颜色，直到最近使用的10种颜色皆显示出来；而后新增的颜色将会剔除最旧的色彩使用记录。

"色彩历史"这一功能出现在屏幕尺寸大于10.2英寸的iPad和iPad Pro机型中。

（5）默认调色板：当前的调色板显示于"颜色"面板底部，可以在"调色板"界面中变更默认调色板，把绘图常用调色板设置为默认调色板，方便颜色的选取。上图中"平面图色卡"为具体调色板名称。

（6）色盘/经典/色彩调和/值/调色板：首次点开"颜色"面板，将默认打开"色盘"界面。

- 色盘：外环为色相圈，可精准地选择颜色色相；内环可以调整颜色的亮度和饱和度。

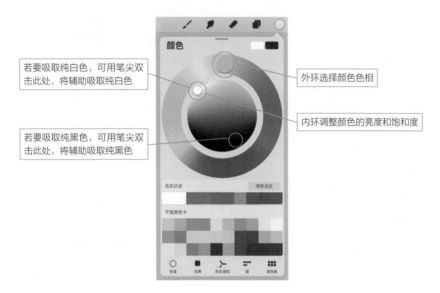

- 经典：提供传统选色方式，在矩形颜色选区中通过拖曳圆点来选色。下方是选择色相/调整饱和度/调整亮度的色彩选项。

- 色彩调和：根据当前选定的颜色给出与之互补、近似、三等分等的颜色建议。

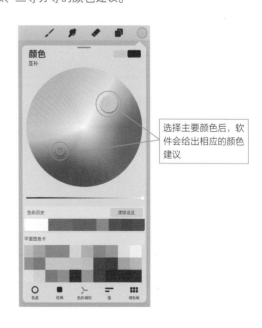

- 值：提供滑动调节器，还提供数值和十六进制参数，方便用户精准地找到颜色。
- 调色板：提供多组色彩的取样捷径。Procreate中自带一些标准调色板，也可以导入或自创调色板。当前的默认调色板会显示于"颜色"面板的底部。

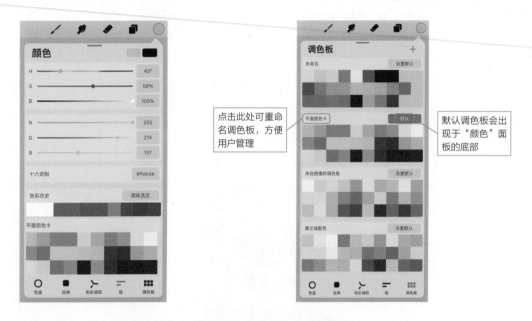

用户可以利用"颜色"面板下方的各个功能键切换各种色彩选择模式。

（1）色相选择：外环是颜色的色相，可以通过旋转色环来选择颜色。

（2）饱和度选择：内环是颜色的饱和度，用笔尖双击就可以选择颜色的饱和度。

🔍 提示

以上重点围绕室内设计绘图应用的主要功能对Procreate进行了介绍。要想了解最新版本的软件使用方法，请阅读"Procreate使用手册"。

课后练习题

1. 简述 Procreate 中各种工具的用法。

2. 使用 Procreate 绘制一个简单的室内设计元素，练习并巩固本章所学知识。

第2章

Procreate 的笔刷

学习目标

♦ 学会分类整理笔刷。

♦ 根据实际需要制作个性化笔刷。

2.1 画笔的基础知识

绘图、涂抹和擦除工具是Procreate的基本工具，位于界面右上方，点击对应的工具图标即可使用。其中，画笔图标 ✎ 代表"绘图"，手指图标 🖊 代表"涂抹"，橡皮擦图标 ✐ 代表"擦除"。

2.1.1 画笔分类

Procreate自带上百种笔刷，同时随着软件的更新，画笔库也在不断更新，以满足用户日常使用的需要。当然，用户也可以根据自己的需要导入第三方笔刷。

本小节只介绍室内设计师常用的笔刷分类，不对笔刷做全面介绍，具体在绘图过程中使用时再做讲解。

（1）素描类笔刷：主要用来完成草图、底图的绘制。

（2）着墨类笔刷：主要用来完成墨线勾画，深入绘制线稿。

右图所示分别为素描类与着墨类相关的笔刷。

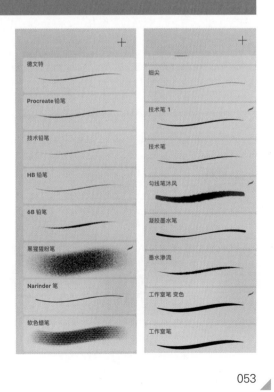

（3）基础涂抹类笔刷：包括上漆类笔刷和气笔修饰类笔刷，适用于底色平涂和基础绘制。下左图所示为基础涂抹类相关的笔刷。

（4）艺术效果类笔刷：包括艺术效果类笔刷和抽象类笔刷，适用于建筑、风景类绘画背景的涂抹，以及室内材质艺术效果的绘制。下右图所示为艺术效果类相关的笔刷。

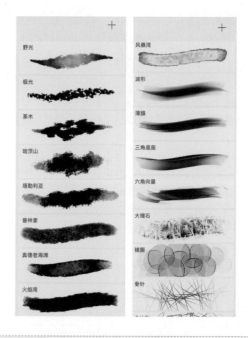

🔍 提示

　　笔刷的种类丰富且多样，刚开始学习绘画时不需要使用太多笔刷，也不要过度依赖笔刷，理解绘画方法和原理是核心。笔刷只是表现工具，掌握常用的几款即可。

2.1.2　画笔工作室

画笔工作室可以对现有笔刷进行参数设置，还可以创建专属的全新画笔，即根据创作需要自定义笔刷。

用户一般可以通过两种方式进入"画笔工作室"界面：第1种是点击一支现有画笔对它进行编辑；第2种是点击"+"按钮创建新笔刷。

"画笔工作室"界面主要分为3个部分：属性、参数设置、绘图板。

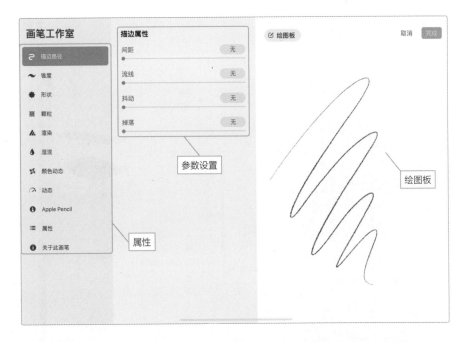

点击左侧菜单中的任意属性，就能在界面中间区域更改该属性的参数，并可在右侧绘图板中实时查看更改结果。

因为软件版本更新后功能会得到升级，所以用户可以在"Procreate 使用手册"中查看最新的内容，以全面了解"画笔工作室"。

2.2　个性化笔刷的制作

在日常工作中，可以使用一些特殊笔刷，特别是一些材质纹理类笔刷来提高画图的效率。但是从众多笔刷中筛选需要的笔刷又是非常麻烦的事，因此用户需要掌握个性化笔刷制作的基本方法，以便更好地使用笔刷。本节主要对各种笔刷的制作方法进行讲解。

2.2.1　材质纹理类笔刷

01 准备好贴图素材。贴图素材需要选择高清、材质纹理清晰、黑白对比强的正方形图片，如右图所示的大理石贴图素材。

02 选择合适的笔刷模板，进行素材替换。从软件的画笔库中找到"元素"笔刷中的"水1"，单指左滑复制其作为制作模板。

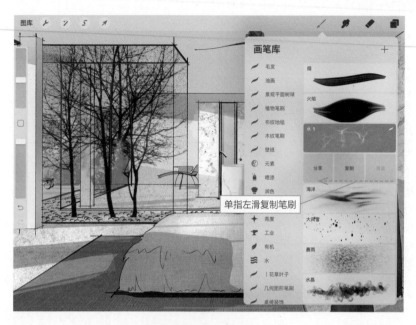

03 点击"水1"笔刷进入"画笔工作室"界面。

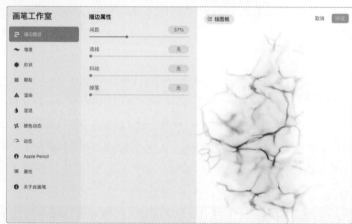

04 点击"颗粒"→"导入"→"导入照片"，导入准备好的贴图素材，最后点击"完成"按钮。

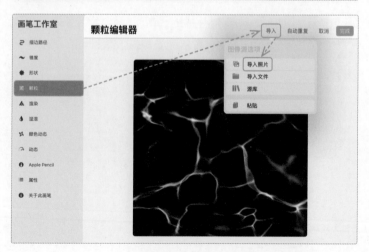

05 完成素材的替换后，在绘图板中可以看到新笔刷的预览效果。

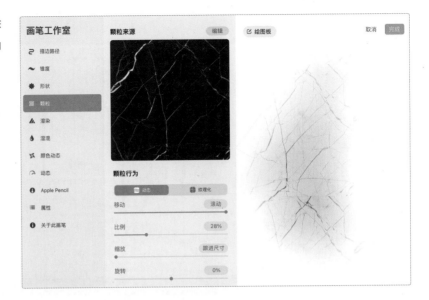

06 按右图所示步骤给新笔刷重新命名，完成笔刷的制作。

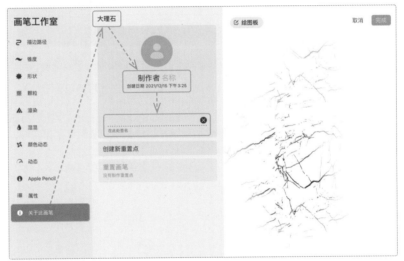

07 返回"画笔库"界面，单指长按新笔刷，将其拖曳到相应画笔组中，以便后续使用。

单指拖曳新笔刷至画笔组，拖曳时新笔刷需在画笔组上方停留一会儿，画笔组打开后才能成功拖进

完成分类后的画笔组

2.2.2　平面圆点类笔刷

　　在平面图的绘制过程中，需要使用各类平面素材。如果有合适的笔刷，那么平面图绘制的效率会大大提高。接下来讲解绘制平面图使用的相关笔刷的制作方法。

01 在"气笔修饰"笔刷中选择"硬气笔"作为制作模板，复制该笔刷，修改复制后笔刷的参数。

02 点击笔刷，开启"画笔工作室"。在"描边路径"选项中修改"间距"数值为61%，修改参数的过程中可在绘图板中预览效果，根据创作需要调整至合适大小，完成圆形笔刷的制作。

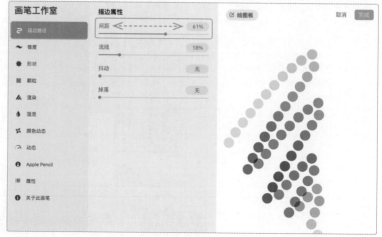

03 在画布中进行各种尝试。尝试调整属性参数，如修改笔刷大
小与不透明度，绘制大圆、小圆及圆点线等。

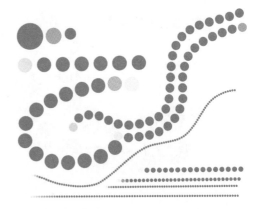

04 按照上述方法在"画笔工作室"界面中修改笔刷参数，点击"形状"→"导入"→"源库"，在列表中根据个人
喜好与用途选择图案样式后点击"完成"按钮。素材替换完成后，在"形状编辑器"中可以预览新笔刷效果。

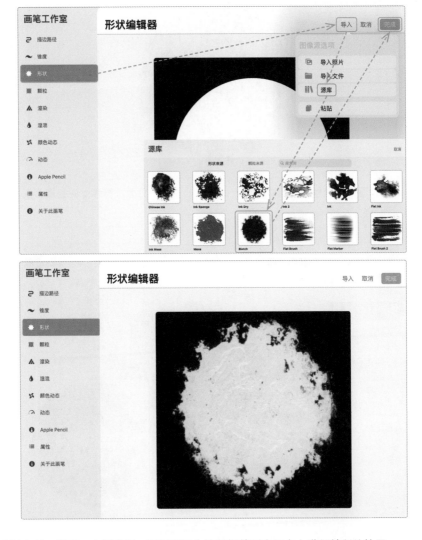

05 此时可以重新命名，得到一个新笔刷。下图所示为使用新笔刷在画布上进行绘制的效果。

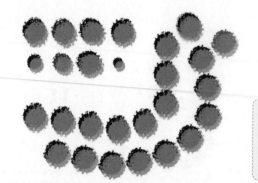

2.2.3　平面景观树类笔刷

01 按照对贴图素材的要求（参考本章所讲的大理石贴图素材的要求），准备好贴图素材。

02 使用2.2.2制作的平面圆点类笔刷作为模板，进入"画笔工作室"界面进行素材的替换。点击"形状"→"导入"→"导入照片"，导入准备好的素材后，点击"完成"按钮。

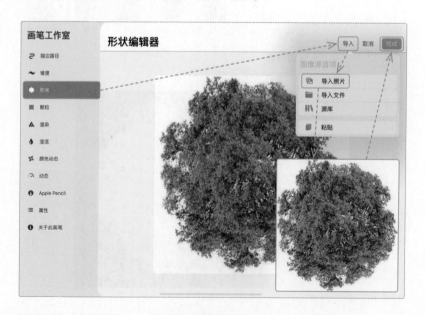

03 由于本节所用的贴图素材为彩色素材，因此需要调整笔刷参数。进入"画笔工作室"界面，点击"颗粒"→"混合模式"→"差值"，最后点击"完成"按钮。

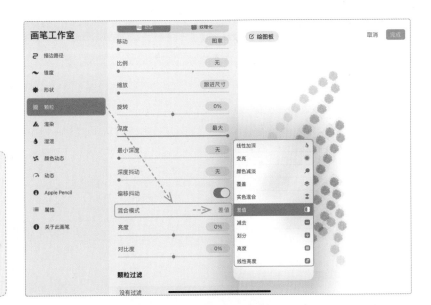

🔍 **提示**

　　调整笔刷参数过程中可以根据贴图素材格式选择不同的混合模式，然后参考绘图板中的笔刷预览效果确定最终的混合模式。

04 在画布上进行实践，探索笔刷的更多变化。

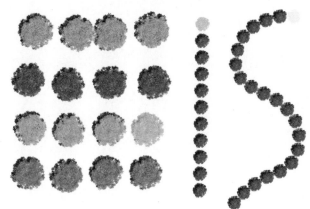

　　使用上述方法制作更多笔刷并保存到画笔库中，以便后期绘图使用。下面是一些制作好的笔刷和绘图示例。

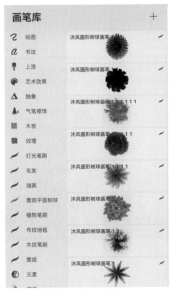

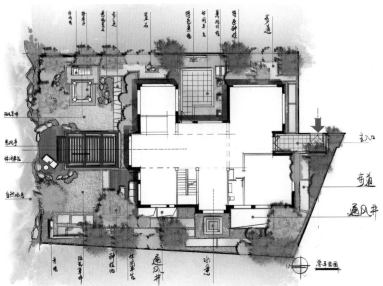

2.2.4 室内设计平面图例笔刷

01 绘制一个图例元素，作为笔刷的基本样式，要求形状为正方形、分辨率高、白底黑线。

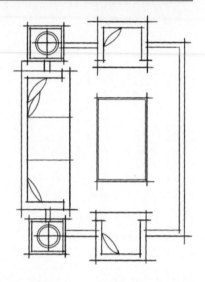

02 以上一步制作的笔刷为模板，开启"画笔工作室"进行素材的替换。点击"形状"→"导入"→"导入照片"，最后点击"完成"按钮。

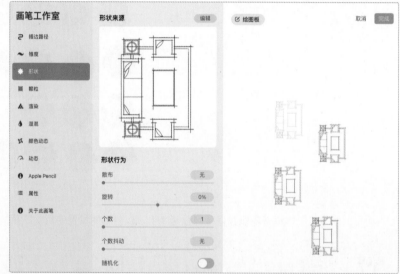

2.2.5 植物叶片类笔刷

01 按照要求准备好植物叶片素材，作为笔刷的基本样式。

02 在"有机"笔刷组中找到"纸雏菊"，单指左滑复制。

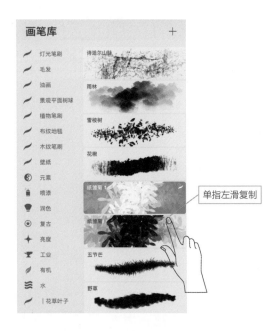

03 开启"画笔工作室"进行素材的替换。点击"形状" → "导入" → "导入照片"，导入准备好的植物叶片素材，最后点击"完成"按钮。

04 笔刷制作完成，在画布上进行实践。

2.2.6　笔刷颜色动态设置方法

右图所示的两组植物是使用同一款笔刷绘制的，但因
为修改了笔刷的颜色动态，绘制后出现了截然不同的色彩变
化。修改笔刷的颜色动态以后，不用反复吸色，就可以绘制
出丰富的色彩变化。

01 选择笔刷，开启"画笔工作
室"。点击"颜色动态"，在
"图章颜色抖动"中调整色
相与饱和度等参数（参数值
越大，颜色变化越大，根据
创作需要调整即可），最后
点击"完成"按钮。

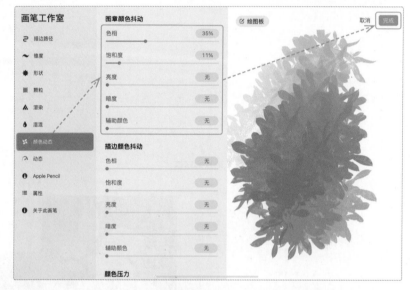

02 根据绘图需要调整"颜色动态"，可以尝试调整
参数，观察笔刷的色彩变化。

2.3　笔刷的导入方法

为了方便日常画图，往往需要导入更多笔刷，Procreate 支持的笔刷有 Procreate（.brush）和 Photoshop®（.abr）
笔刷。接下来讲解常用的笔刷导入方法。

1. 从文件中导入

01 点击画笔库右侧的"+"按钮创建新笔刷。

02 点击"画笔工作室"界面右
上方的"导入"按钮。

03 选择笔刷文件，点击"导入文件"进行导入，注意执行这一步操作前需要将笔刷文件保存到设备文件夹中。

04 导入成功后，该笔刷会自动被放置于名为"已导入"的画笔组中。

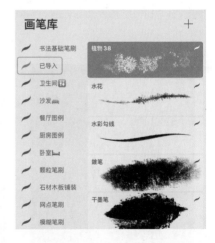

2. 从微信、QQ等应用中导入

01 在iPad上登录微信、QQ等应用，注意提前将整理好的笔刷文件发送到应用中。

02 接收并打开笔刷文件，点击"用其他应用打开"。

03 打开方式选择"Procreate"，完成导入。

04 在"画笔库"界面中可查看已导入的笔刷。

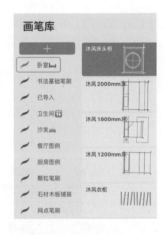

3. 从百度网盘中导入

01 在iPad上打开百度网盘，点击需要导入的笔刷文件。注意提前把笔刷文件保存至百度网盘。

02 打开笔刷文件并加载完成后，点击"用其他应用打开"。

03 打开方式选择"Procreate"，导入完成。

4. 从"文件"拖曳导入

01 切换至iPad窗口分栏模式，单指滑动将"文件"拖曳到屏幕一侧。

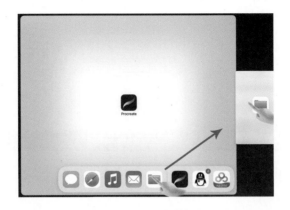

02 打开"文件"，可以选择单个或多个笔刷文件。单指长按笔刷文件，拖曳至Procreate界面中，此时笔刷文件导入完成。

03 在"画笔库"的"已导入"画笔组中可查看导入的笔刷文件。

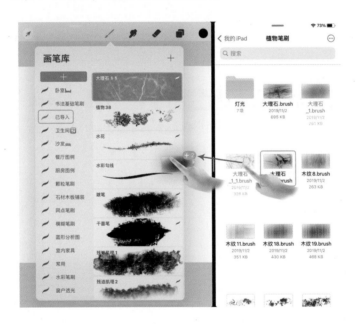

> 🔍 提示
>
> 刚开始使用Procreate时，不需要一次导入很多笔刷，笔刷太多会占用存储空间，也会给绘图过程中查找笔刷带来麻烦。建议导入几个常用笔刷，有特殊需求时可以在"画笔工作室"中通过修改参数和进行元素的替换来满足。

2.4 笔刷的分类整理

如果导入了很多笔刷，那么就需要对它们进行分类整理，以便绘图时查找和使用。

2.4.1　创建画笔组

　　"画笔库"的画笔组列表顶部有一个"+"按钮，点击该按钮就能创建画笔组。

2.4.2　自定义画笔组选项

　　点击某画笔组，弹出包含"重命名""删除""分享""复制"等选项的菜单。

　　（1）重命名：默认设置下，一个新的画笔组自动命名为"无名组合"；点击该画笔组，再点击"重命名"即可自定义名称。

　　（2）删除：删除一个自定义画笔组，需要注意的是这个操作无法撤销，应慎重使用。

　　（3）分享：用来导出画笔组。

　　（4）复制：可以复制整个画笔组。

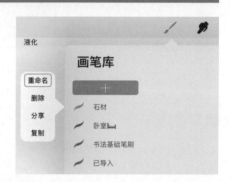

2.4.3　画笔分类成组

　　将导入的零散的笔刷重新归类成组。单指长按选择的笔刷，将其拖曳至新建画笔组中。单指右滑可以选中单个笔刷，重复右滑可以选中多个笔刷。

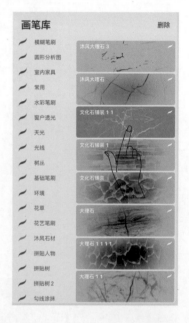

2.5　笔刷的导出

　　单个笔刷导出的方法如下：选择单个笔刷，单指左滑会出现"分享""复制""删除"等选项，点击"分享"即可完成笔刷的导出。

　　笔刷导出的路径与导入的路径类似，大家可以通过多种方式完成此操作。

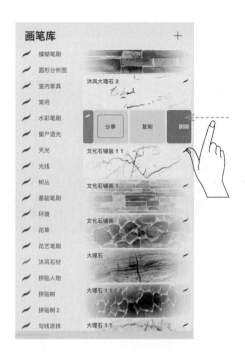

画笔组导出的方法与单个笔刷导出的方法相似，点击画笔组弹出菜单，然后点击"分享"完成导出操作。

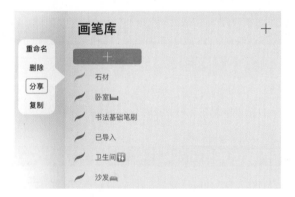

🔍 提示

　　随着软件与硬件的更新，画笔库的功能更加强大，同时操作方法也更加简单。想要了解更新的操作，可查看"Procreate 使用手册"。

课后练习题

1. 简述Procreate中常用的笔刷及各自的用法。

2. 运用本章所学知识，制作一款室内设计手绘个性化笔刷。

第3章

Procreate 室内设计 手绘基础

学习目标

◆ 熟练掌握线条的绘制，并灵活运用。

◆ 理解光影关系和色彩原理，并灵活运用。

◆ 掌握不同透视的画法和上色技法，并运用到室内设计手绘中。

3.1 Procreate 勾线笔刷与线条入门

Procreate 自带的笔刷非常丰富，用法也多种多样。进行室内设计手绘时，只有多尝试才能充分了解不同笔刷的绘制效果。

线条是组成画面的基本元素，熟练掌握线条的绘制是室内设计手绘的基本功。本节重点讲解线条的绘制。

3.1.1 勾线笔刷的选择与运用

线条是手绘的基本语言，它通过长短、粗细、疏密、曲直来表现丰富的画面效果。不管采用哪种类型的线条，重点都在于准确表达设计的相关信息，以及保证最终成图的可欣赏性。

勾线笔刷比较多样，本书中使用较多的勾线笔刷是着墨类，其笔触感觉接近日常纸面绘图的手感，适用于线条入门练习。为了获得更好的绘画体验，用户可在屏幕上贴磨砂膜或类纸膜，使绘画时笔尖不打滑。

细尖：无明显压感变化，线条粗细一致，适用于精细的线稿描线。

技术笔：有一定压感，线条根据用力大小有粗细变化，接近钢笔墨水笔触质感，适用于草图创作。

凝胶墨水笔：压感明显，适用于线稿绘制。

墨水渗流：笔触质感类似于钢笔墨水，适用于草图勾线。

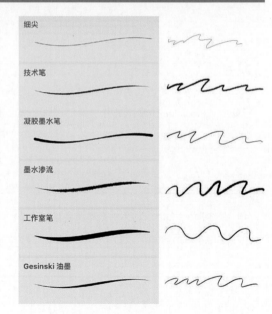

工作室笔：压感变化明显，有一定的曲线辅助功能，适用于弧线、曲线绘制。

Gesinski油墨：压感变化明显，笔触明显，笔触质感类似于弯头美工钢笔，适用于线稿绘制。

以上是Procreate自带的笔刷，没有进行参数调整与优化。画笔库中的其他笔刷，可通过调整参数来作为勾线笔刷。用户应该多做尝试与练习，找到适合自己内容创作类型的笔刷。

下图所示为素描类笔刷与着墨类笔刷的使用效果。

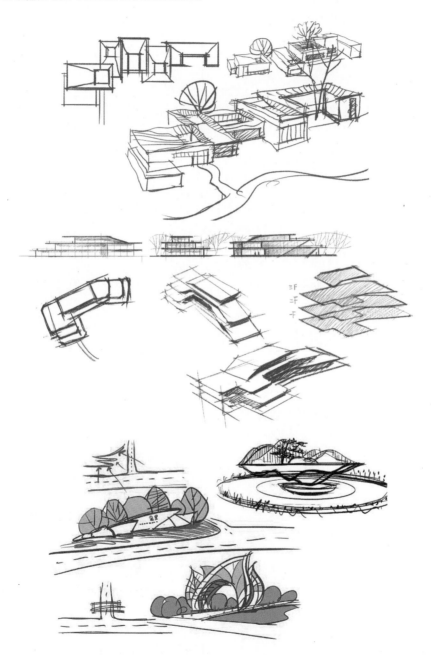

在前期进行草图构思时，不要局限于选择使用什么笔刷，要做到重想法、轻技法。无论使用什么笔刷，记录灵感、准确表达想法都是关键。只要草图运笔流畅，元素表达清楚即可。

在绘制室内空间线稿时，可以在开启透视辅助的条件下进行草图绘制。绘制完空间主要轮廓后，再进行精细的线稿绘制。

草图绘制建议使用技术笔、墨水渗流等笔刷，精细的线稿绘制建议使用细尖、Gesinski油墨等笔刷。

绘制草图时，用户可以用不同的颜色来区分不同的内容，按先后顺序绘制墙体、结构、单体等。

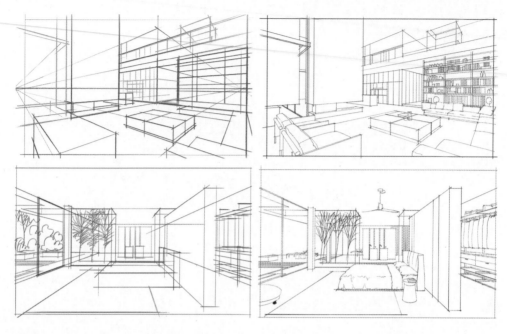

在绘制室内家具单体线稿时，建议使用技术笔、凝胶墨水笔、Gesinski油墨、细尖等笔刷。

线稿的表现方式有借助辅助工具和徒手两种。借助辅助工具绘制的线条较规范，可以弥补徒手绘制不工整的缺点，但有时不免有些呆板，缺乏个性。绘制线条时可以将借助辅助工具和徒手两种方式结合起来，使线条变化灵活，画面更有感染力。

3.1.2　线条入门

线条入门练习其实也是磨炼耐心的过程，旨在协调身体与工具，使身体适应在屏幕上画画的感觉。

画线的基本方法：以日常写字姿势握住笔，笔尖向前，使用手臂带动手部。运笔时注意速度和力度，坚持练习可以使绘制的线条更加流畅。

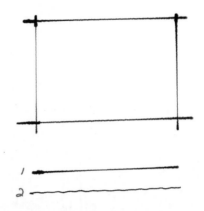

1. 快直线练习注意事项

起笔：注意定点、停顿、回笔。

运笔：果断、快速、用力均匀。

收笔：注意定点；每根线条在塑造形体的时候，都有固定的尺寸，所以要控制住收笔，根据所绘制的形体控制线条的长度。

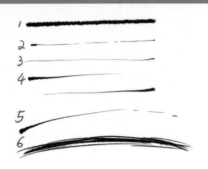

2. 慢直线练习注意事项

在进行慢直线练习时，要注意控制节奏。慢直线没有快直线的起笔与收笔，注意线条不要有太多起伏，简洁流畅准确即可。

3.1.3　线条练习误区

右图所示为错误的线条示范。

1. 误区一：死线

样式：线条过于生硬、死板，没有变化。

原因：用力太大，收笔过于死板，手腕僵硬不协调，情绪紧张，还没有熟悉运笔节奏。

错误线条案例展示如下左图所示。

2. 误区二：断线

样式：线条断开，不连续。

原因：运笔不果断，力度不够。

错误线条案例展示如下右图所示。

3. 误区三：飘线

样式：线条弯曲，缺乏力度。

原因：用力太小，线条轻飘散漫，缺少稳定性。

错误线条案例展示如下页上左图所示。

4. 误区四：缺少比例

样式：有头无尾、有尾无头。

原因：没有控制好起笔和收笔的运笔节奏。

错误线条案例展示如下右图所示。

5. 误区五：曲直不分

样式：线条弧度太大，分不出曲线、直线。

原因：没有控制好手腕的发力。

错误线条案例展示如下左图所示。

6. 误区六：反复描线

样式：断线、重复线。

原因：一笔画不完，继续描着画、重复画、交叉画。

错误线条案例展示如下右图所示。

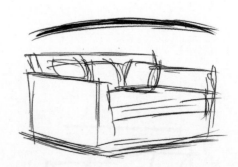

🔍 **提示**

如果在绘制线条时出现以上问题，也不要过于紧张。由于在屏幕上画线条时笔尖非常滑，初学者大多会出现以上问题，建议在屏幕上贴上类纸膜，以增加屏幕摩擦力。配合相应的方法进行练习，找到手感后，相信大家都可以画出准确的线条。

3.1.4 线条练习方法

初画线条时，要用普通的笔刷来练习，而不要用辅助工具，目的是熟悉在屏幕上绘画的感觉。先从单直线和横线练习入手，注意控制线条的长短和疏密，运笔果断流畅，不要拖沓犹豫。

掌握运笔姿势后，可以尝试练习不同长度的线条，提升对笔的控制能力；还可以进行定点连线的训练，即在空白纸面上随意布点，然后用直线进行相连，这样可以练习不同长短、角度的线条，进一步强化用户对笔的控制能力。

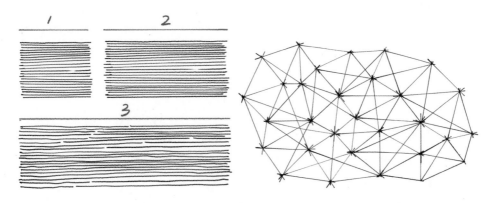

横直线：流畅果断，长度一致，疏密得当，有起笔和落笔。

竖直线：垂直流畅，可以不用十分笔直，落笔带有一点儿抖动会更生动。

斜直线：流畅果断，有一定的长短变化，提升手腕对笔的控制能力。

交叉线：对以上线条的巩固，加大训练的难度并增加训练的强度。

弯曲线：自然流畅，运笔果断，疏密得当。

🔍 提示

　　线条练习方法有很多种，不止本书中讲解的方法。无论是在iPad上还是在纸面上绘制，只有动手练习才能找到画线的手感。线条训练方法并不是短期就能练成的，需要经过长时间的积累与领悟。

3.1.5　线条的辅助画法

日常进行线条练习时，不仅需要日复一日地磨炼，而且需要借助Procreate的辅助功能来快速完成线条绘制。

1. 直线的辅助画法

徒手画直线最后收笔时停顿几秒，Procreate就会辅助生成直线，还可以拖曳终点改变直线的方向和长度。

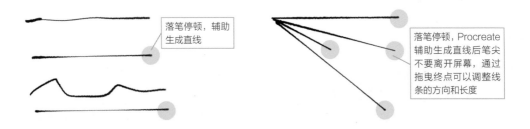

落笔停顿，辅助生成直线

落笔停顿，Procreate辅助生成直线后笔尖不要离开屏幕，通过拖曳终点可以调整线条的方向和长度

2. 曲线、圆的辅助画法

徒手绘制自由线、圆形闭合时停顿几秒，Procreate就会辅助生成曲线、椭圆形。如果要绘制圆形，可在生成椭圆形后用另一只手单指点击屏幕；可以通过拖曳画笔，改变圆形的直径。

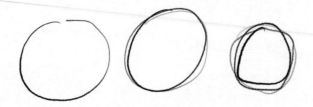

落笔时笔尖不离开屏幕即落笔停顿，Procreate就会辅助生成椭圆形；另一只手单指点击屏幕，就会辅助生成圆形。

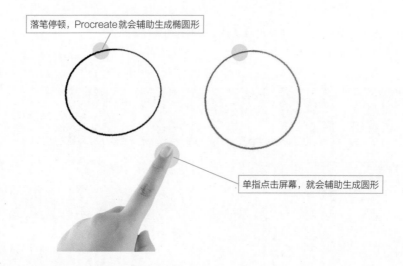

落笔停顿，Procreate就会辅助生成椭圆形

单指点击屏幕，就会辅助生成圆形

3.2 透视的基本原理

透视既是绘画创作中的一种观察方法，也是视觉画面空间研究中的一个专业术语。透视既是视觉空间的变化规律，也是绘画的重要理论基础。设计师只有先理解透视的基本原理，掌握不同透视中视觉空间的变化规律，才能将其正确地运用到绘画创作中。

3.2.1 透视的概念

透视是指在平面上描绘物体的空间关系的方法或技术。无论是进行建筑设计、风景园林设计，还是室内设计等，设计师都必须掌握如何绘制透视图。

下面是透视的基本原理及术语。

基面（GP）：建筑形体所在的地平面。

画面（PP）：人与物体之间的假设面，即透视图所在的平面。

基线（GL）：画面与地面的交界线。

视点（EP）：相当于人的眼睛。

站点（SP）：人站立的位置，也称停点。

视平线（HL）：人观察物体时眼睛的高度线，即人视线高度的水平面与画面的交线。

灭点（VP）：透视线的交点，也称消失点。

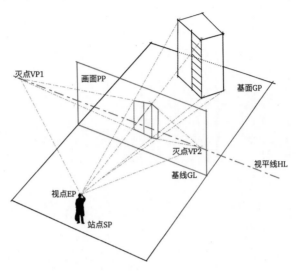

室内设计效果图常用的透视主要有一点透视（平行透视）、两点透视（成角透视）、三点透视等类型，常用的一点斜透视包含在两点透视中。

下面是上述3类透视的对比图。

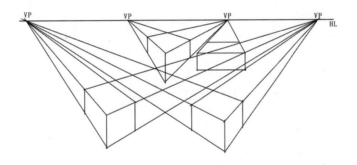

3.2.2　一点透视

一点透视也称平行透视，是运用比较普遍的透视类型。画一点透视时要注意它的视平线（HL）和消失点（VP）。

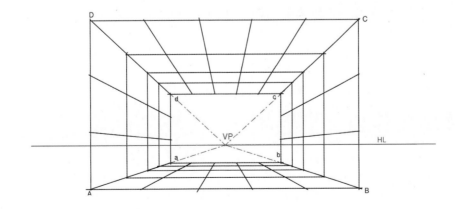

　　一点透视的要点是横平竖直，只有一个消失点。所有横向的线条都要与画面平行，所有竖向的线条都要与画面垂直。

　　下图所示为相同几何体块在一点透视中的角度变化。

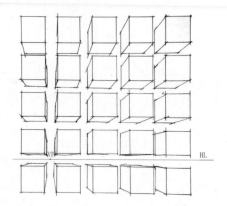

同一空间不同观察角度的透视变化。

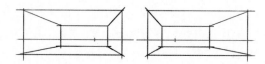

不同空间比例的透视变化。

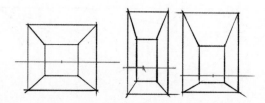

不同空间进深的透视变化。

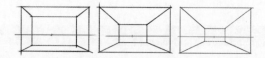

3.2.3　两点透视

　　两点透视也称成角透视。以立方体为例，如果不从正面看，那么除了垂直于地面的那一组平行线仍保持垂直外，侧面两组线条的延长线分别相交于画面左右两侧，此时会形成两个消失点，且这两个消失点在同一条视平线上，这就是两点透视。

　　右图所示为两点透视几何体块的变化。

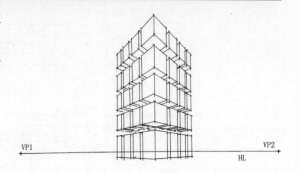

3.2.4　一点斜透视

一点斜透视常用于室内设计效果图中，其效果接近于一点透视，但是比一点透视灵活。

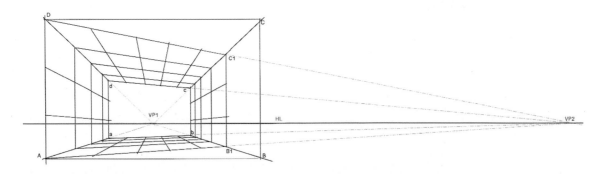

> 🔍 **提示**
>
> 　　*一点斜透视的原理与两点透视的原理相似，可以参考两点透视的画法。*

3.2.5　三点透视

三点透视是指物体的3组平面与画面均成一定的角度，3组延长线相交，形成3个消失点。

三点透视多用于高层建筑仰视图和鸟瞰图中。三点透视在建筑设计中运用得较多，主要表现仰视或俯视效果，这样可以使建筑看起来特别高大雄伟。如果三点透视过于夸张，也会使建筑失真。

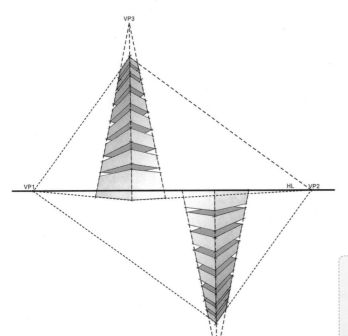

> 🔍 **提示**
>
> 　　*三点透视主要运用在建筑与规划的效果图中。由于室内空间较小，因此三点透视在室内设计中的应用不多。*

3.2.6　圆形透视

　　圆形透视主要用来表现圆形建筑或构筑物等，如亭子、拱形门窗、柱子、喷泉、种植池等。圆形透视可以用外切正方形来确定。当圆形物体与画面不平行时，会因透视显示为椭圆形，此时需要通过外切正方形来确定透视关系。另外，通过外切正方形也能轻松确定不规则椭圆形的正确透视。

　　下图所示为不同的透视在室内设计效果图中的运用。

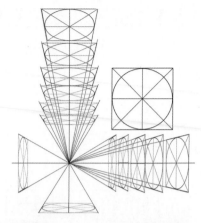

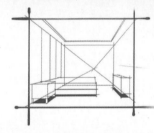 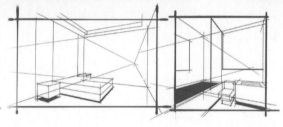

3.3　室内单体线稿表现

　　体块练习是手绘入门所必需的。初次练习体块时要徒手绘制，这样可以强化对笔的驾驭能力。随意手绘草图，不用很精准，绘制出体块的感觉即可。

　　从几何体块开始，新建图层绘制简单几何体。通过对体块的分割，绘制出室内家具的基本造型。先在画布上绘制一个几何体，再复制几个几何体排列在画布上，以便绘制其他视角的家具。然后在几何体框架内绘制沙发的造型。

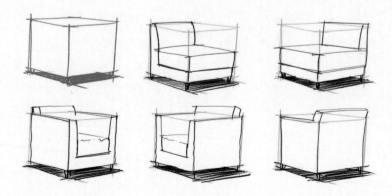

在画布上取消显示几何体，徒手绘制家具的造型。待熟练到一定程度后，可以进行多角度的训练，适当增加纹理，丰富家具的细节。

借助Procreate的绘图透视辅助功能，完成家具单体的绘制。利用绘图透视辅助功能绘制家具体块，可锻炼对造型与透视的把控能力。练习时用几何体概括室内家具，不需要绘制细节，只需建立基本的比例关系即可。

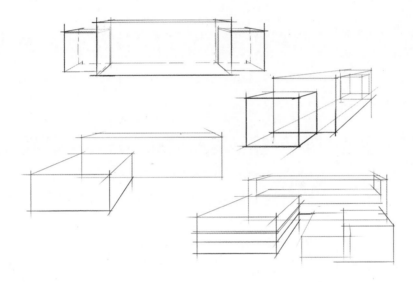

通过绘制体块来进行家具单体的辅助练习：先建立透视体块，调整好比例以后，再绘制家具的结构，并添加细节（如抱枕等）以丰富画面。

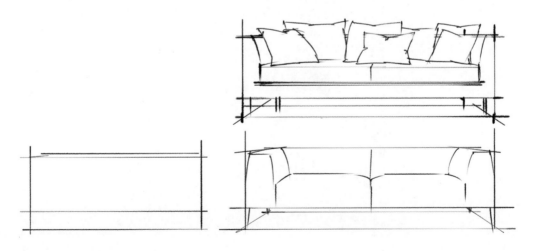

建议使用不同角度的体块来进行家具单体的绘制练习。

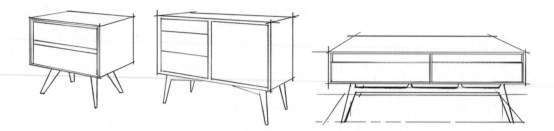

> ## 🔍 提示
>
> 本节展示了室内家具绘制的练习方法，大家需要认真总结，并结合软件的绘图透视辅助功能进行综合练习，只有通过大量的练习才能变得熟练。

3.4　光影关系表现

光影关系在室内设计手绘中多用于表现块面的明暗关系，主要体现为体块的素描关系、投影、光影的概括处理。本节针对光影基本原理和素描关系基本原理进行讲解。

3.4.1　光影的基本原理

光和影是相辅相成的关系，漆黑无光的环境里面没有影，有光的环境里才能产生影。只有理解了光和影之间的关系，才能够绘制出正确的光影变化；只有绘制出丰富的光影变化，才能表达出物体细腻的体积感。

如何把光影画准？必须理解下面两点。

（1）光源方向：光的来向，其会影响投影的方向。

（2）光源角度：光源照射的角度，其会影响投影的大小和范围。例如，在一天中不同的时间点，柱子的投影会产生长短变化。下图中，3个几何体块处在不同的位置，对应的投影也不同。

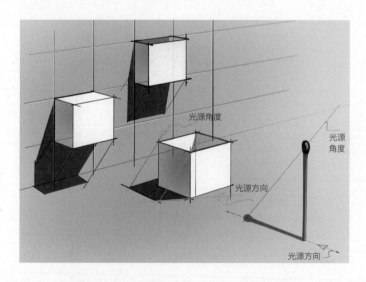

下图中，在同一光源下，沙发摆放的位置与角度不同，产生的投影也不同。

从下图中的概念体块可以看出，光线对形体投影的影响很大，不同形体的投影方式也大有不同。

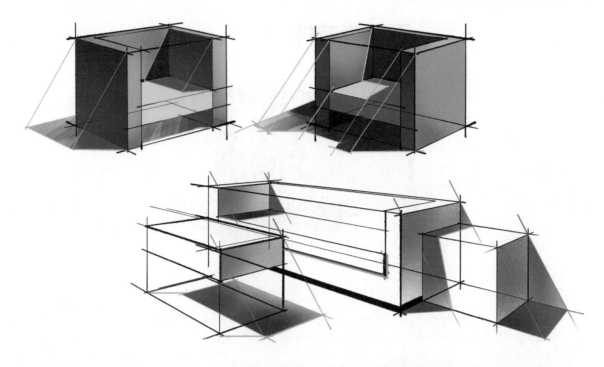

3.4.2 素描关系的基本原理

了解了光影的基本原理后，设计师还需要深入了解由光影产生的一系列黑白灰变化，也就是绘画中素描关系的三大面和五大调。三大面即亮面（受光面）、暗面（背光面）与中间层次的灰面（侧光面），也就是常说的黑白灰关系。五大调指具有一定形体结构、一定材质的物体受光的影响后，在自身不同区域所体现出的明暗变化规律，即高光、灰面、明暗交界线、反光、投影。

（1）亮面、高光：直接受光部分，是物体直接反射光源的部分，也是整个物体最亮的部分，在表面质感光滑的物体上较为常见。

（2）灰面：中间面，高光与明暗交界线之间的区域。

（3）明暗交界线：亮面与暗面转折交界的地方，一般是物体的结构转折处。明暗交界线并不是指具体的某一条线，它的形状、明暗、虚实都会随物体的结构转折发生变化。

（4）反光：物体的背光部分受其他物体或物体所处环境的反射光影响的部分。

（5）投影：物体本身遮挡光线后空间中产生的暗影。

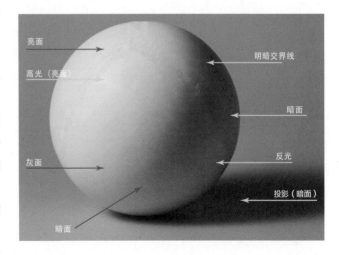

在素描基础教学中，常用石膏球体举例来说明如何区分三大面和五大调。明确表现物体的三大面和五大调有助于表现物体的体积感和质感，进而体现画面的空间感和层次感。

在室内单体手绘中，如何体现素描关系呢？参考下页图。

与光源基本垂直的区域——亮面、高光

与光源成45°角的区域——灰面

亮面与暗面的交界处——明暗交界线

光源直射不到的区域——暗面

与光源成45°角的区域——灰面

受周围其他光源影响的区域——反光

物体遮挡光源，使光源照射不到的区域——投影

> 🔍 提示
>
> 不同造型、不同材质、不同光线对物体的素描关系有着非常大的影响，建议大家在练习的过程中，深入学习素描关系的基本原理并将其灵活运用到实际画面中。

3.5 色彩的基本原理

本节主要介绍色彩的属性和色彩的基本分类，帮助大家理解色彩的基本原理。

3.5.1 色彩的属性

在绘画学习初期，要先了解色彩的基础知识。设计师每天都要和色彩打交道，而正确运用色彩对设计方案的效果起着至关重要的作用。

1. 色相

色相指色彩本身的颜色，如红色、黄色、蓝色等。

2. 明度

明度指色彩的明暗程度。

3. 饱和度

饱和度指色彩的鲜艳程度。

从12色环中可以发现，色彩的组合方式不同，给人的感受也不同。这是配色的关键。

下面介绍色彩的三原色、混合色、三次色。

- 三原色：红色、黄色、蓝色。

- 混合色：橙色、绿色、紫色。

- 三次色：橙红色、紫红色、橙黄色、黄绿色、蓝绿色、蓝紫色。

需要注意的是，无彩色是指黑色、白色、灰色，没有色相和饱和度，只有明度变化。

4. 色温

色温会对人的生理和心理产生直接的影响。设计师在营造不同的环境氛围时，要使用不同的色彩。

（1）暖色：给人温暖的感受，在视觉上让人感觉"亲近"。

（2）冷色：既给人一种沉静且严肃的感觉，又给人一种"后退"的感觉。

在色环中，色温有着更多的变化。从右图可以看出，其中对比最强的是极暖和极冷，其次是暖色与冷色，最后是中性暖色与中性冷色，中性色相对更加温和。

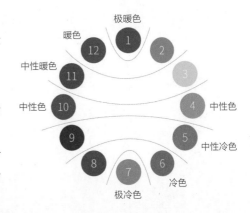

3.5.2　色彩的分类

1. 光源色

光源色指发光体所发出的光线的色彩，如阳光、月光、火光、各种灯光的色彩等，一般在物体亮部呈现。

2. 固有色

固有色指物体通常情况下给人的色彩感觉和印象。固有色一般在物体的灰部呈现，如红旗是红色的、草地是绿色的。

3. 环境色

环境色指物体周围的物体所反射的光线色彩。它会使物体固有色发生变化，特别是物体暗部的反光部分变化比较明显。

右图中，对室内设计手绘作品的色彩进行了分析。

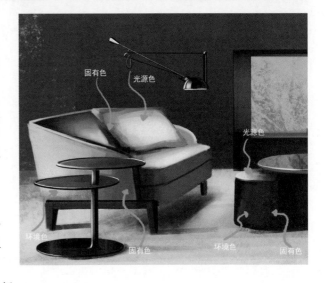

🔍 **提示**

想要把一个作品画得深入且完整，不仅要把材质和颜色刻画到位，而且要把光画准，再就是要表现出光线对材质产生的影响。只有先把理论掌握好，才能更深入地绘制。

3.6　Procreate的上色技法

要想更好地进行室内设计手绘，必须掌握Procreate的上色技法。只有了解它的基本上色技法并不断地练习，才能将其熟练运用到日常创作中。

3.6.1　颜色填充

颜色填充是入门阶段的必修课。接下来介绍颜色填充的实用技巧，帮助大家快速掌握知识要点。

初学者刚练习颜色填充时，由于不了解画笔的特点，也不熟悉绘制步骤，所以常常无从下手。下面列举了初学者进行颜色填充时常见的问题。

（1）涂抹太实，不知道如何晕染收边。

（2）结构不清，素描关系不明。

（3）笔法凌乱，笔触生硬。

下图为初学者进行颜色填充时常见问题的范图，分别对应的是涂抹太实、结构不清和素描关系不明、笔法凌乱。

初学阶段遇到的远远不止以上问题，还有透视不准、色彩杂乱、材质混乱等问题，这里不一一举例说明，在后期的实例讲解中将做出正确示范。

3.6.2　颜色拖曳填充

01 绘制几何体线稿，注意透视要准确，线条要交叉闭合。

02 使用笔尖或手指点击颜色并拖曳至线框内，即可完成填充。根据不同的素描关系，选择不同深浅的颜色。

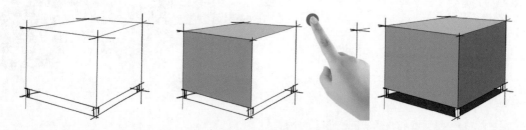

🔍 提示

以颜色拖曳填充时经常发生的问题为例进行分析。

画布尺寸为A4，分辨率为300DPI，笔刷分别是6B铅笔、墨水渗流、干油墨、工作室笔，使用这几种画笔勾线，并对比填充效果。

（1）问题：填充边缘有锯齿，无法充分填充。

原因：第一，画布像素低，分辨率不够，线条精度不够；第二，笔刷选择不对，粉笔、炭笔、墨水渗流等笔刷的边缘不平滑。

（2）问题：填充到区域外。

　　原因：第一，使用6B铅笔或墨水渗流笔勾线时，线条有颗粒，可能造成线条未闭合；第二，选区阈值过大。

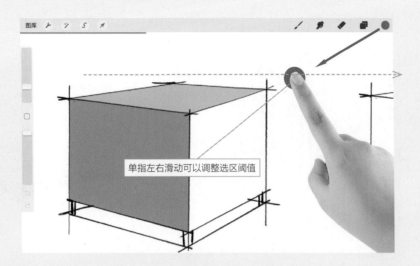

　　需要注意的是，拖曳颜色填充时，画面上方的蓝色线条就是选区阈值，把颜色拖进线框内后，手指或笔尖不要离开屏幕，在屏幕上左右滑动，可以调整选区阈值，修改填充效果。

3.6.3　区域选择填充

01 线稿绘制完成后，点击"选取"工具，使用"自动"模式，选择要填充颜色的区域，此时选中区域会以蓝色显示。

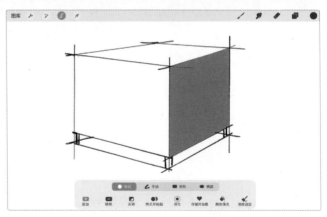

02 使用"尼科滚动"笔刷，选择合适的颜色进行涂抹，通过用力轻重来分出亮面与暗面，通过颜色深浅的变化来体现暗面的光影变化。

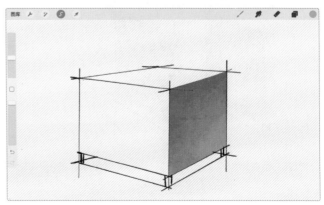

03 重复上一步操作，继续选择灰面和亮面进行绘制。通过涂抹，体块的素描关系已经区分出来了。

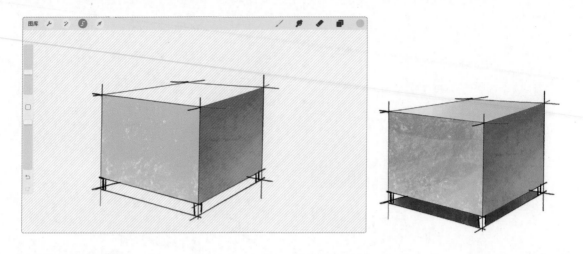

🔍 **提示**

在绘制时，建立选区后可以大胆使用笔刷涂抹，并通过用力轻重来区分体块的素描关系。

3.6.4　颜色晕染方法

熟悉了颜色填充方法以后，在处理高级色彩的时候，还需要学会对颜色进行晕染。

绘制时，如果将颜色涂抹得杂乱无章，就需要对颜色进行晕染。

下面以下图的3个面为例来介绍3种不同的晕染方法。

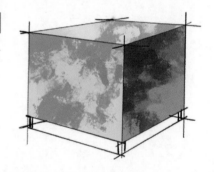

（1）涂抹晕染。以暗面为例，使用涂抹工具晕染颜色，根据物体材质来选择不同的笔刷形状，涂抹工具可以充当画笔使用。

下图所示为晕染前后的效果对比。

（2）颗粒笔刷晕染。以灰面为例，使用"黑猩猩粉笔"笔刷或其他颗粒笔刷对颜色进行晕染。

下图所示为晕染前后的效果对比。

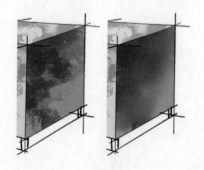

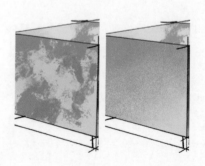

（3）模糊晕染。以亮面为例，选择亮面图层，使用"高斯模糊"工具进行模糊处理，对颜色进行晕染。

下图所示为晕染前后的效果对比。

下面对单人沙发进行涂抹绘制。

下图所示为单人沙发照片与手绘完成稿的效果对比。

本案例使用的是"尼科滚动"笔刷和"黑猩猩粉笔"笔刷。

01 完成线稿后进行涂抹绘制，将线稿图层置于涂抹色块图层之上。

02 使用"尼科滚动"笔刷涂抹亮面、灰面，明确受光关系。

03 使用"尼科滚动"笔刷涂抹暗面，加深暗部。

04 使用"尼科滚动"笔刷对暗面进行涂抹过渡，注意运笔时的力度。这里也可以通过降低笔刷的不透明度来过渡。

05 涂抹高光，加强明暗转折对比，完善亮面、灰面的涂抹。

06 使用"黑猩猩粉笔"笔刷对高光进行过渡，并用大笔触涂抹灰面与暗面，调整整体的颜色过渡，完成绘制。

通过不同亮度的颜色来区分结构变化，没有轮廓也能清楚表达结构的转折关系

强调明暗交界线，用高光与暗面的对比来强化体积感

浅灰

白

深灰

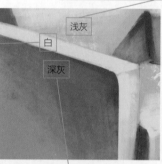

使用"黑猩猩粉笔"笔刷或其他边缘柔化笔刷涂抹结构转折，"软化"生硬的轮廓，强调布艺软包质感。如果是其他坚硬的材质，则需要"硬化"边缘

随结构转折变化而出现颜色的深浅变化，根据光影规律来涂色，会更容易塑造出体积感

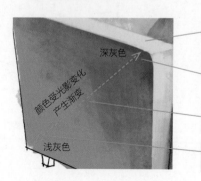

深灰色

颜色受光影变化产生渐变

浅灰色

高光一般是物体的最亮部分

明暗交界线一般是深灰色，不是黑色。暗面颜色受物体固有色与材质反光特性影响而出现不同的深浅变化

大面积的灰面可以用"黑猩猩粉笔"笔刷或材质纹理笔刷过渡晕染

反光部分受物体本身反光特性与环境光的双重影响

🔍 提示

　　在实际画图时，要根据不同物体的颜色特性与材质特点来选择不同的颜色晕染方法。设计师要多实践练习，从中找到方法和规律。

课后练习题

1. 常用的Procreate勾线笔刷有哪几种？

2. 简述透视的几种类型，并各举一个例子。

3. 根据不同的Procreate上色技法，尝试绘制几组带有材质特征的立方体。

4. 根据所学方法，尝试绘制室内单人沙发。

第4章

Procreate功能的用法与室内装饰元素的表现技法

学习目标

◆ 熟练掌握Procreate常用功能的用法。

◆ 学会运用Procreate功能提高绘图效率。

◆ 学会不同室内装饰元素的表现技法。

4.1 参考工具

前面已经讲解了上色技法，但在解决后期修改问题时，还需要使用更加方便的画法。接下来讲解参考工具的用法。

4.1.1 参考工具的基础用法

参考工具的基本原理是锁定上一个线稿图层进行上色。开启该功能以后，在下面新建图层中填充颜色时，对默认参考线稿图层的区域可以实现快速填色，而不用再一遍遍地重复选择。

参考工具是图层功能中重要的绘图辅助工具，可以帮助用户实现快捷填色等。

接下来以下图所示的立面线框图为例，讲解参考工具的具体用法。

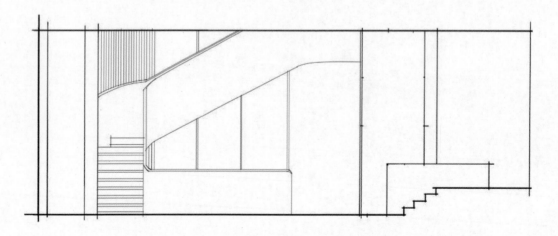

01 新建画布，打开图层，选中线稿图层，选择"参考"模式。

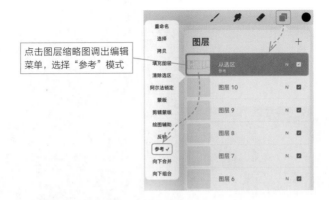

点击图层缩略图调出编辑菜单，选择"参考"模式

02 设置"选取"模式，点击"选取"→"自动"→"添加"→"颜色填充"。

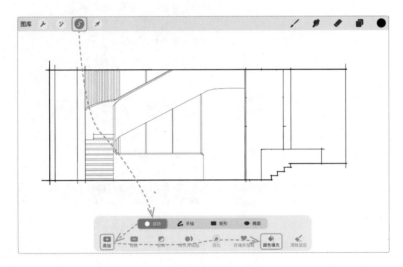

03 利用参考工具快捷填充颜色。点击"+"→"新建图层"→"选取"，使用已设置好的选取模式，点击要填充的色块，即可完成颜色填充。

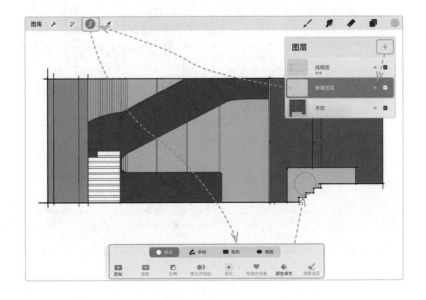

04 重复以上步骤，完成其他区域的颜色填充。

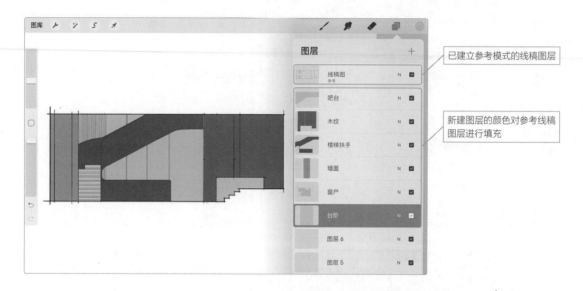

> 已建立参考模式的线稿图层
>
> 新建图层的颜色对参考线稿图层进行填充

🔍 **提示**

　　如果画面中有不同的材质，需要分图层进行编辑。颜色填充也要分材质、分图层、分色块进行。为了便于查找，可以对图层进行重命名。

4.1.2 参考工具的其他用法

　　参考工具不仅可以实现颜色的快速填充，还可以在修改时快速选择区域。

　　这里以室内单体为例进行讲解。如果需要对画面某个局部进行修改，该局部的颜色已经涂抹了一部分，用笔刷覆盖修改又容易超出轮廓边界，那么这时候就可以使用参考工具辅助绘图。

01 将线稿图层设置为"参考"模式。

02 借助"自动"模式快速建立选区。

03 建立选区以后即可用笔刷进行涂抹或进行其他编辑修改。

框内是选中区域，框外是未选中区域，此时可对选中区域进行编辑修改

4.2　阿尔法锁定功能

阿尔法锁定功能可锁定初始图形，其规定只能在这块区域中已有色彩像素的部分进行绘图和修改，可方便对画面的细节进行调整，而不需担心画出线框外。

底色填充完后，进行下一步的纹理绘制或者更多的细节绘制时，用户需要使用简便的方法辅助绘图。

如果需要对画面局部进行涂抹或者对边缘难以准确控制的局部进行处理，那么就需要借助阿尔法锁定功能。这里以下图为例讲解这一功能的具体用法。

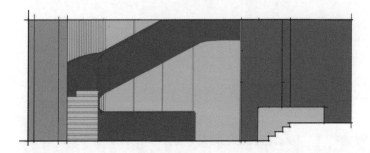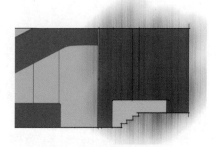

开启阿尔法锁定功能，选择合适的纹理笔刷进行绘制。

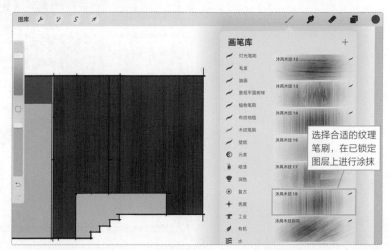

如果想要修改边缘或在当前的图形上增添新内容，可关闭阿尔法锁定功能修改锁定区域的边缘，然后再次开启阿尔法锁定功能，继续对锁定区域进行编辑。

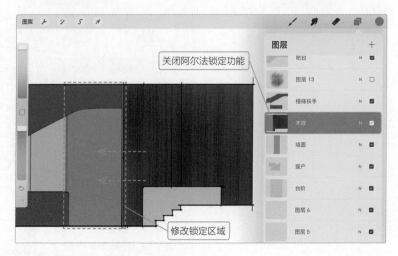

🔍提示

开启阿尔法锁定功能有两种方法。

（1）选中图层，点击图层缩略图，选择"阿尔法锁定"模式。

（2）双指右滑图层快速进入"阿尔法锁定"模式，双指左滑图层关闭"阿尔法锁定"模式。

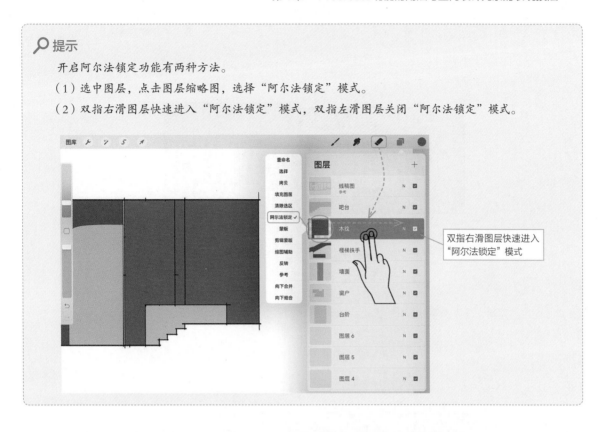

4.3　剪辑蒙版功能

如果没有合适的笔刷，或者对笔刷的质感不满意，可以使用剪辑蒙版功能来获得更加真实的效果。

剪辑蒙版功能和Photoshop中的图层蒙版一样，但它只能作用于独立图层。同时，剪辑蒙版可以与任一图层连接，因此操作时可在不同图层间移动剪辑蒙版，或在单个图层上叠加多个剪辑蒙版以创造多样复杂的视觉效果。

对于用笔刷难以表现的纹理，可以使用剪辑蒙版功能，实现贴图素材的快速填充。下面以4.2节编辑的最终效果图为例，对剪辑蒙版功能的用法进行讲解。

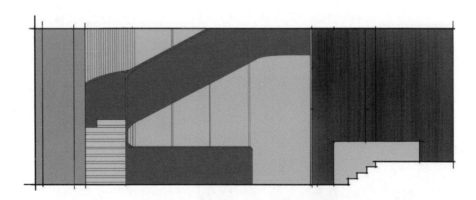

`01` 导入贴图素材，利用"自由变换"模式进行拉伸，将其放至要填充的区域。

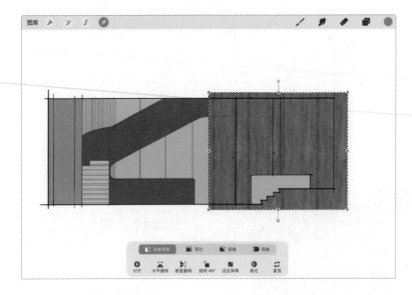

02 点击图层缩略图，选择"剪辑蒙版"模式。

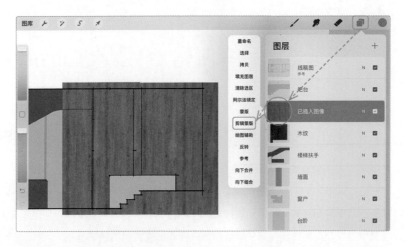

03 执行完剪辑蒙版操作后，完成贴图素材的填充。

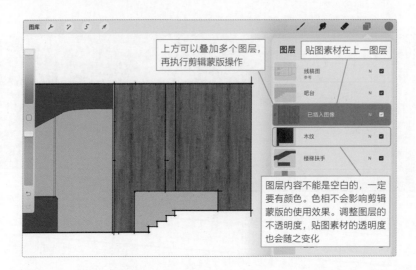

上方可以叠加多个图层，再执行剪辑蒙版操作

贴图素材在上一图层

图层内容不能是空白的，一定要有颜色。色相不会影响剪辑蒙版的使用效果。调整图层的不透明度，贴图素材的透明度也会随之变化

04 对其他图层执行剪辑蒙版操作，完成其他贴图素材的填充。

注意每一组图层的叠加顺序，在绘图之前要分材质、分图层进行底色填充

🔍 提示

剪辑蒙版功能与阿尔法锁定功能的区别是什么？

这两个功能的作用都是锁定区域，但是它们之间有着非常大的区别。剪辑蒙版功能只作用于独立图层，无论如何编辑，都不会对下一级图层产生影响。而阿尔法锁定功能只作用于原图层。

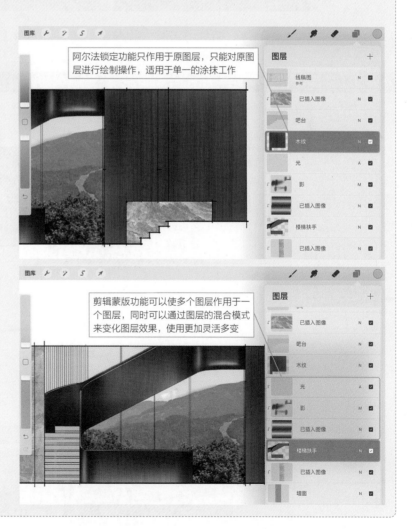

阿尔法锁定功能只作用于原图层，只能对原图层进行绘制操作，适用于单一的涂抹工作

剪辑蒙版功能可以使多个图层作用于一个图层，同时可以通过图层的混合模式来变化图层效果，使用更加灵活多变

4.4 图层混合模式

光与影是影响画面氛围的重要因素。绘制光与影不是简单地加白与加黑，还需要借助一些辅助功能来更好地营造氛围。

自然光、灯光等是画面光影氛围的组成因素。光的特性与强度不同，对其处理方法也不同。

4.4.1 使用"正片叠底"模式绘制阴影

以下图为例，讲解使用"正片叠底"模式绘制阴影的方法。

01 在贴图素材上方新建图层，准备进行阴影绘制。

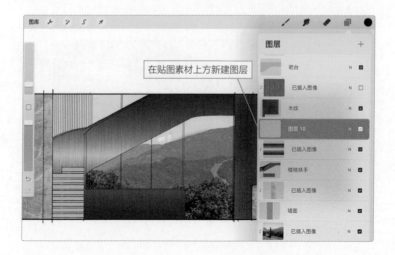

02 使用"喷溅涂抹"笔刷涂抹暗面。

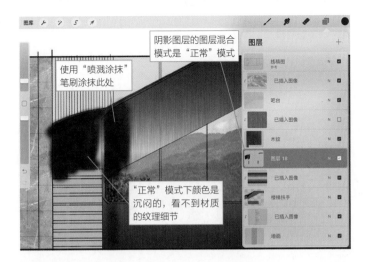

03 设置图层混合模式为"正片叠底"，此时可以看到材质的纹理细节。

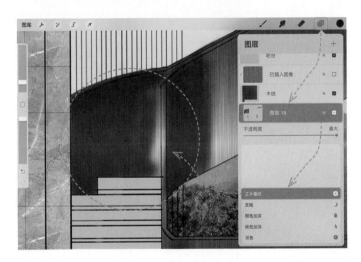

04 将阴影图层的图层混合模式设置为"正片叠底"，用深色进行涂抹，并为图层设置"剪辑蒙版"。

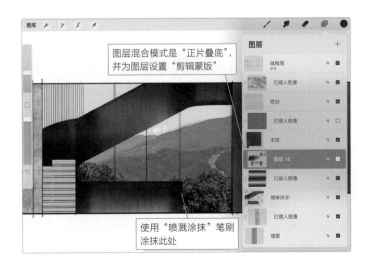

4.4.2 使用"添加"模式绘制光线

01 新建图层，使用"喷溅涂抹"笔刷绘制楼梯转角的高光。

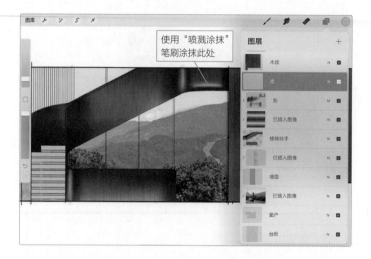

02 将图层混合模式设置为"添加"，并根据光线强度调整图层的不透明度。

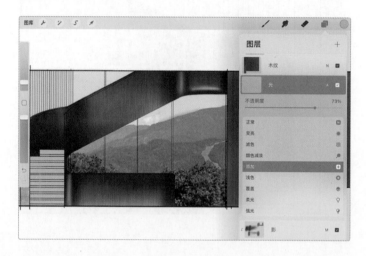

03 完成扶手等细节部分的绘制。

4.4.3 光影氛围的画法

在表现画面整体效果时，学会使用不同的图层混合模式来表现光或影，不仅可以让画面颜色更加和谐自然，在表达明暗效果时也能够事半功倍。

当然，并不是只有"正片叠底"与"添加"模式才能用于绘制光影。绘制光影需要根据不同的画面、不同的材质，结合光影氛围的强度，灵活使用不同的图层混合模式。设计师在绘制过程中要多做尝试，根据自己的视觉与审美来判断。

以下图为例，介绍各种模式对光影表现的影响。

"正常"模式下，阴影颜色单一，没有层次，材质纹理被覆盖

"正片叠底"模式下，阴影层次丰富，材质纹理清晰，颜色过渡自然和谐

"正常"模式下，亮面虽然有所区分，但是缺少材质纹理的细节变化

"添加"模式下，纹理清晰，光影氛围强烈

"正常"模式下，虽然体现了窗户的造型，也有一定的光线亮度，但颜色是灰色的，未能和画面颜色相融合，底色和材质纹理也被覆盖

"添加"模式下，光影氛围更强烈，颜色能与底色相融合，材质纹理也得以清晰体现

4.5 对称辅助工具

利用对称辅助工具可以顺利绘制对称造型的单体元素，在实际运用中需要灵活变通使用。

绘制对称空间时，需要先绘制一半，再利用辅助功能得到另一半。其具体画法如下。

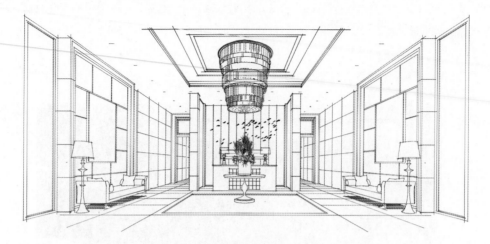

01 使用对称工具先绘制对称造型的单体元素，利用一点透视辅助绘制一半的对称空间。

02 复制绘制完成的部分，利用"水平翻转"功能翻转到另一侧，使用"自由变换"模式将其拖曳到对称位置，重叠区域线条可以擦除。

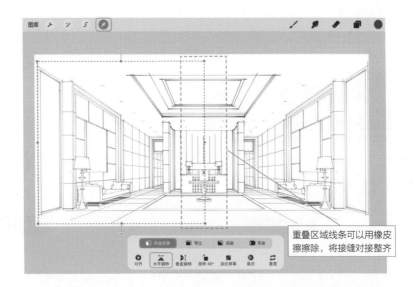

重叠区域线条可以用橡皮擦擦除，将接缝对接整齐

03 其他对称造型的单体元素，仍然可以使用对称工具绘制。补充其他元素，完成绘制。

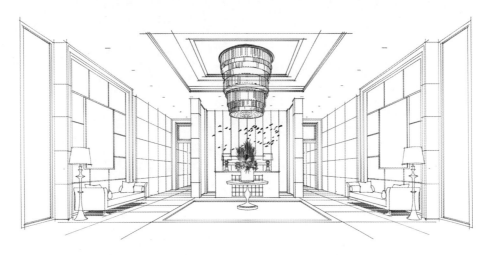

🔍 **技巧**

　　对称造型的单体元素可以用对称工具绘制，为什么对称空间不能用对称工具绘制？

　　对称工具和透视辅助不能同时开启，二者只能选一。在绘制时要根据实际使用情况来选择辅助模式，通常是借助透视辅助绘制一半，再用对称工具得到另一半，从而完成对称空间的绘制。

　　绘制彩色效果图时，也是先绘制一侧，再用对称工具得到另一侧，最后调整整体光影。

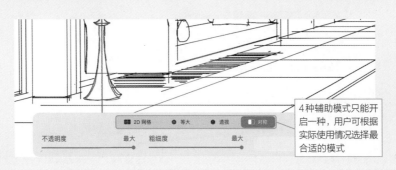

4种辅助模式只能开启一种，用户可根据实际使用情况选择最合适的模式

4.6 实木茶几的画法

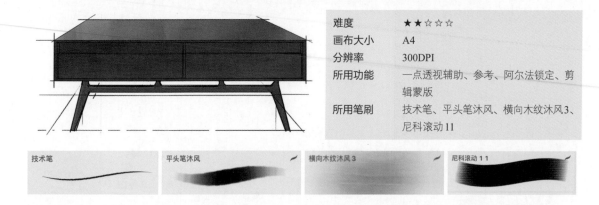

难度	★ ★ ☆ ☆ ☆
画布大小	A4
分辨率	300DPI
所用功能	一点透视辅助、参考、阿尔法锁定、剪辑蒙版
所用笔刷	技术笔、平头笔沐风、横向木纹沐风3、尼科滚动11

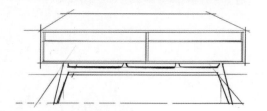

4.6.1 茶几单体底色涂抹

01 新建画布，借助一点透视辅助，使用"技术笔"笔刷完成线稿绘制。

02 选择"图层"选项，点击线稿图层缩略图，打开"参考"模式，将线稿图层置顶，在其下新建若干图层。

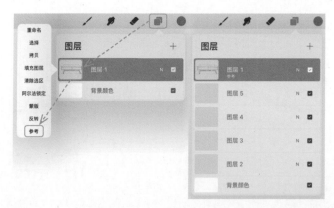

03 在线稿图层"参考"模式下，为新建图层快速填充颜色，为方便图层管理，根据图层内容重命名图层。

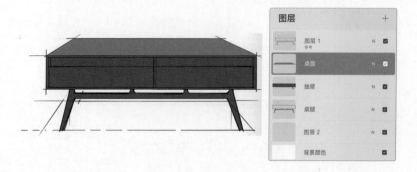

04 点击图层缩略图，点击"阿尔法锁定"。双指右滑图层，可以快速进入"阿尔法锁定"模式。

05 使用"平头笔沐风"笔刷，分别绘制桌面、抽屉、桌腿。由于进入了"阿尔法锁定"模式，可以大胆涂抹，而不用担心颜色超出线稿范围。

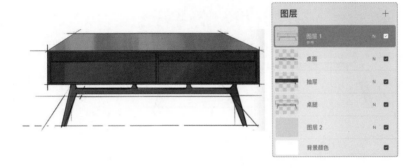

06 使用"横向木纹沐风3"笔刷，绘制出木纹质感。

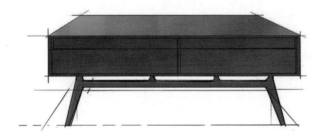

4.6.2　使用贴图素材填充

颜色与材质可以借助剪辑蒙版功能表达，使用贴图素材进行填充。

01 准备好贴图素材，将其导入画布中。

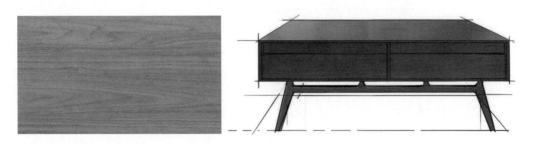

02 将素材拖曳至要遮盖的区域，使用"自由变换"模式将素材拉伸到合适大小。

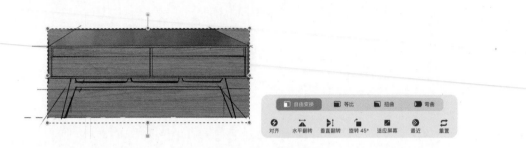

03 打开图层，点击图层缩略图，然后点击"剪辑蒙版"。由于抽屉和桌腿是同一种材质，因此两个图层可以合并。
   需要注意的是，在"图层"列表中，素材图层要在色块图层之上才能实现"剪辑蒙版"效果。

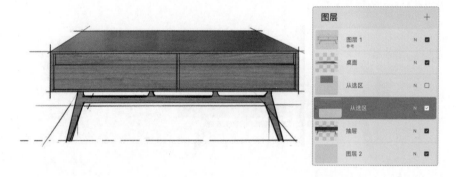

04 重复上述操作，完成桌面贴图素材的处理。使用"扭曲"模式，将贴图素材拉伸至合适大小。

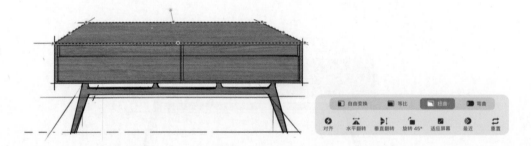

05 为图层设置"剪辑蒙版"模式。

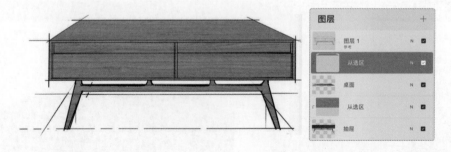

06 素材拼贴完成后会发现，画面没有黑白灰的变化，茶几缺少体积感。这时候可以设置"正常"模式并调整图层
   的不透明度，使之透出底纹的黑白灰变化，拼贴效果会更加自然。

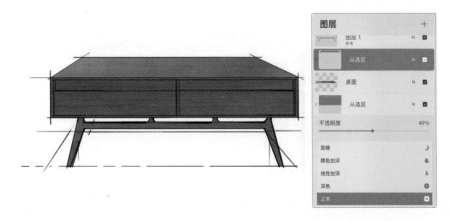

07 新建图层，并设置"正片叠底"和"剪辑蒙版"模式，使用"尼科滚动11"笔刷绘制暗面，增加阴影层次，加深抽屉结构转折处的颜色，强调体积感。

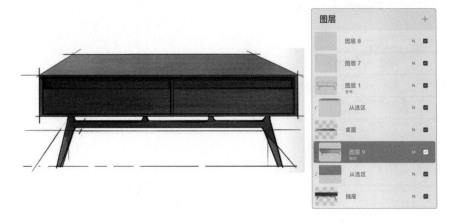

08 新建图层，并设置"添加"和"剪辑蒙版"模式，使用"尼科滚动11"笔刷绘制桌面亮面。

桌面图层组，将茶几的亮面图层统一设置为"剪辑蒙版"模式

09 完善细节，统一光影效果，完成实木茶几的绘制。

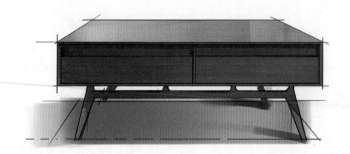

4.7 金色装饰元素的画法

难度	★ ★ ☆ ☆ ☆
画布大小	A4
分辨率	300DPI
所用功能	阿尔法锁定
所用笔刷	技术笔、中等混色

技术笔

中等混色

4.7.1 新建画布并绘制线稿

01 新建画布，用"技术笔"笔刷或者其他勾线笔刷绘制草图，保证线条流畅。

02 在草图的基础上完善线稿。在"草图"图层上方新建图层并绘制正式线稿，把轮廓提炼出来，并且保证线条闭合，以免造成填充失败。

4.7.2　底色填充与阿尔法锁定

01　复制线稿图层进行底色填充，并锁定原稿，避免操作失误导致原稿无法编辑。

02　填充底色后点击图层缩略图，接着点击"阿尔法锁定"，或双指右滑图层进入"阿尔法锁定"模式。

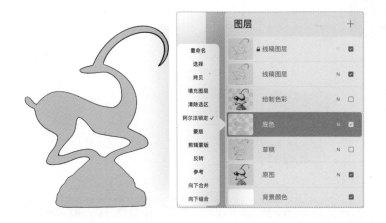

4.7.3　绘制明暗细节

01　使用"中等混色"笔刷进行明暗细节的绘制，画出体块颜色最深的地方。由于体块锁定了，因此可以大胆地涂抹。

02　颜色过渡。吸取邻近色在暗面、灰面涂抹过渡，进一步体现材质特点。

03　绘制亮面。暗面、灰面绘制完成后，接下来绘制亮面和高光，绘制过程中要把边缘轮廓涂抹得圆滑自然一些。

04　绘制细节。调整笔刷的大小，绘制画面的细节，强调材质特点，完成绘制。

> 🔍提示
>
> 　　金色装饰元素的主要特点是颜色鲜明、黑白对比强烈、反光明显，找到规律后用简单的笔刷和颜色涂抹，就可以轻松表现材质特点。
>
> 　　该类型材质经常出现在室内设计的软装中，大家在学习的过程中要善于总结，以达到举一反三的学习效果。

4.8 现代灯具的画法

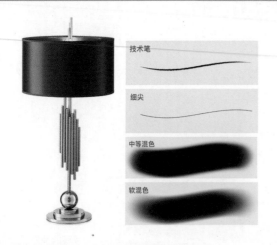

难度	★★☆☆☆
画布大小	A4
分辨率	300DPI
所用功能	对称辅助、2D网格辅助、自动
所用笔刷	技术笔、细尖、中等混色、软混色

4.8.1 绘制线稿

01 建立对称辅助，完成对称造型的绘制。

02 切换到2D网格辅助，完成管状结构的绘制。

03 关闭2D网格辅助，用"技术笔"笔刷绘制底座
造型。清理多余线条，完成造型的绘制。

> 🔍 提示
>
> 　　线稿绘制完成后，复制一个线稿图层，并
> 进行置顶与锁定。

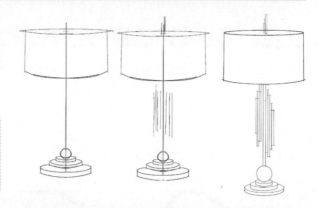

4.8.2 绘制灯罩

01 使用"自动"模式，选中灯罩的闭合区域进行填色。

02 涂抹颜色最深的地方。

03 涂抹中间灰色区域。涂抹时注意用力的轻重变化，感受不同压感带来的颜色变化。

04 绘制高光和反光。

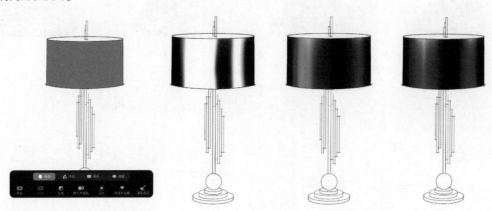

4.8.3　绘制管状结构

`01` 使用"自动"模式，选中灯具金属结构区域进行填色。

`02` 填充颜色后，绘制第一根圆管。

`03` 三指下滑调出快捷操作按钮，点击"拷贝并粘贴"选项，复制出一根圆管。

`04` 多次复制以后，使用变换工具进行拖曳和拉伸，将圆管调整到适当位置，完成多根圆管的绘制。检查无误后，合并图层。

`05` 观察台灯的整体比例，结合灯罩大小调整管状结构的大小。

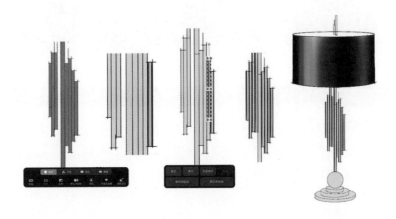

4.8.4　绘制球状结构

`01` 选中球状结构的区域。

`02` 平铺底色，区分出大致的明暗关系。

`03` 画出灰面，表现环境色，增强黑白对比。

`04` 画出高光和反光，受材质本身光滑质感的影响，需要涂抹球体边缘来表现反光，涂抹高光部分增强球体的体积感。球体底部用"细尖"笔刷绘制底座的反光，完成球体的绘制。

4.8.5　绘制金属底座

`01` 金属底座的绘制方法与球体的绘制方法类似，先选中底座区域，再开始涂色。

`02` 平铺底色，区分正、侧面。

`03` 画出反光和球状结构在其上的投影。

`04` 选中侧面结构的区域，绘制侧面颜色的变化。

`05` 绘制光感，进一步体现金属的材质特点。

`06` 绘制球体底面的投影和反光，完成绘制。

4.8.6　绘制灯具细节

01 选中灯罩顶部区域，填充底色。

02 绘制灯罩内部渐变色，体现光晕质感。

03 绘制灯罩边缘装饰细节，检查整体比例结构，完成绘制。

> 🔍 **提示**
>
> 　　图中显示的斜纹并非绘制的效果，而是软件将未选中的区域以斜纹显示，是选取工具的显示模式。

> 🔍 **提示**
>
> 　　颜色填充的方法有多种，本节主要使用"自动"模式。大家可以参考其他颜色填充方法，掌握更加快捷的方法；同时要善于管理图层，并熟练运用软件的相关辅助功能。

4.9　玻璃制品的画法

　　玻璃制品是室内装饰中常见的装饰元素，其风格种类、制作工艺也是五花八门。本节从基本原理出发，通过详细讲解玻璃制品的画法，帮助大家掌握玻璃制品的绘制技巧。

难度	★ ★ ☆ ☆ ☆
画布大小	A4
分辨率	300DPI
所用功能	对称辅助、自动、垂直翻转
所用笔刷	细尖、中等硬混色、软气笔

细尖　　　中等硬混色　　　软气笔

4.9.1　绘制线稿

新建图层，建立对称辅助，选择"细尖"笔刷绘制轮廓。

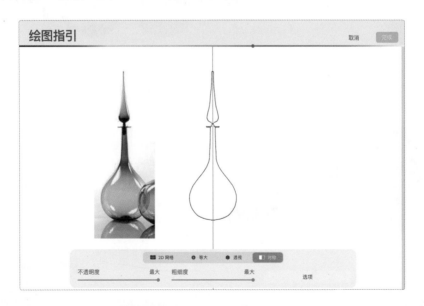

4.9.2　涂抹底色

01 将线稿处理干净，保证线条闭合。使用"自动"模式，选中要涂色的区域。

02 使用"中等硬混色"笔刷开始涂抹。

03 从深色开始，逐渐往亮色过渡。

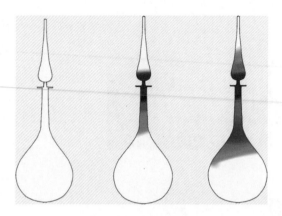

4.9.3 深入绘制

01 底色涂抹完成后，区分出整体的素描关系。

02 使用"软气笔"笔刷绘制高光与反光，高光的亮度要高
于反光。

03 使用橡皮擦擦除修饰玻璃瓶高光的轮廓。

04 复制绘制完成的玻璃瓶，垂直翻转拖曳至投影位置，
完成玻璃制品的绘制。

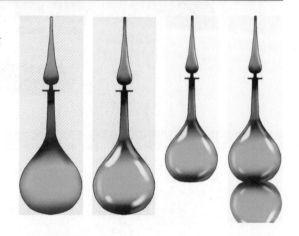

4.10 陶瓷花瓶的画法

难度	★ ★ ☆ ☆ ☆
画布大小	A4
分辨率	300DPI
所用功能	阿尔法锁定
所用笔刷	技术笔、中等混色、软混色、纸雏菊、 平画笔

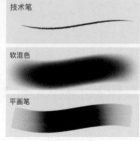

4.10.1　绘制浅色陶瓷花瓶

01 新建画布，使用"技术笔"笔刷绘制线稿。

02 选中花瓶闭合区域。

03 快速填充底色，并设置"阿尔法锁定"模式。

04 使用"中等混色"笔刷，完成体积感绘制。

05 绘制亮面，增强体积感。

06 使用"软混色"笔刷绘制纹理，注意线条颜色的深浅变化。

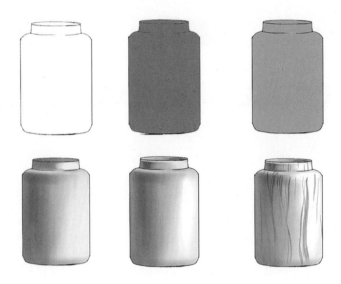

4.10.2　绘制陶瓷花瓶中的植物及背景

01 新建图层，使用"纸雏菊"笔刷绘制植物，先从深色入手。

02 颜色从中间色向亮色过渡。

03 在最下层新建图层，使用"软混色"笔刷涂抹花瓶背景及墙面投影。使用"平画笔"笔刷绘制台面，注意台
面的光影变化，完成陶瓷花瓶的绘制。

4.11 大理石材质的画法

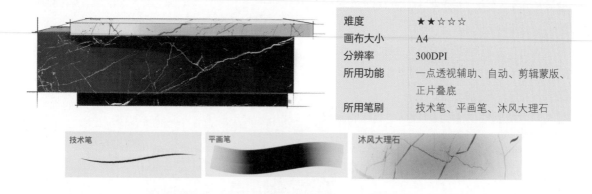

难度	★ ★ ☆ ☆ ☆
画布大小	A4
分辨率	300DPI
所用功能	一点透视辅助、自动、剪辑蒙版、正片叠底
所用笔刷	技术笔、平画笔、沐风大理石

4.11.1 绘制线稿并填充底色

01 新建画布并建立一点透视辅助，使用"技术笔"笔刷绘制线稿。

02 对线稿图层使用"自动"模式，建立选区。

03 使用"平画笔"笔刷填充深色和浅色，区分上下材质。

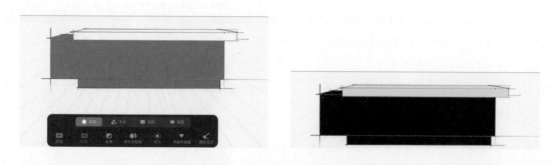

4.11.2 使用纹理笔刷绘制大理石材质

01 新建图层并设置"剪辑蒙版"模式，使用"沐风大理石"笔刷，绘制出石材纹理。

02 新建图层并设置"正片叠底"模式，用"平画笔"笔刷画出投影与灰面，完成大理石材质的绘制。

4.11.3　使用纹理贴图素材绘制大理石材质

01 准备好要使用的贴图素材并导入画布中。

02 拉伸素材覆盖要填充的区域，为图层设置"剪辑蒙版"模式。

03 图层混合模式可以根据贴图素材的颜色来选择，这里选择"排除模式"。

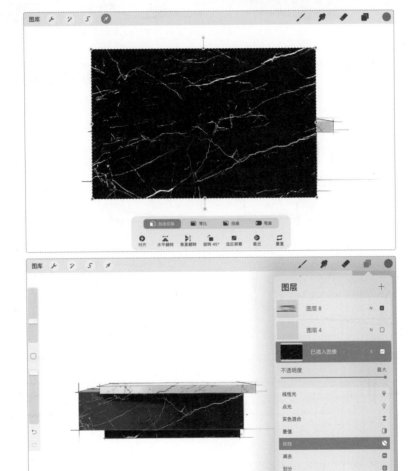

04 全部设置完成后，检查并完善整体画面效果，完成大理石材质的绘制。

4.12 布艺抱枕的画法

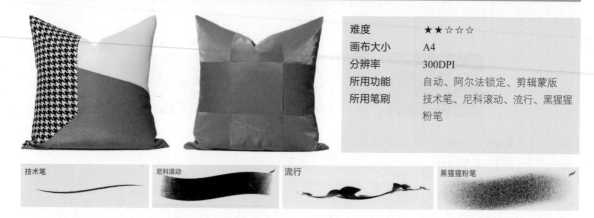

难度	★ ★ ☆ ☆ ☆
画布大小	A4
分辨率	300DPI
所用功能	自动、阿尔法锁定、剪辑蒙版
所用笔刷	技术笔、尼科滚动、流行、黑猩猩粉笔

技术笔　　尼科滚动　　流行　　黑猩猩粉笔

4.12.1 分析体块与光影关系

对抱枕体块进行概念分析，并对光影关系与素描关系有基本的理解。将抱枕理解成简单几何体，用简单线条勾画其轮廓。当抱枕堆叠在一起时，注意抱枕的角度与前后关系，用线条适当表达出投影。

4.12.2 绘制浅色抱枕

01 新建图层，使用"技术笔"笔刷完成线稿绘制，检查线框是否闭合。

02 使用"自动"模式，选中线框区域。

03 设置"阿尔法锁定"模式，进行底色填充。

04 使用"尼科滚动"笔刷加深暗面，塑造体积感。

05 绘制亮面，增强体积感。

06 调整笔刷大小绘制细节，完成浅色抱枕的绘制。

4.12.3　绘制深色抱枕

绘制线稿，选中线框区域，填充底色，使用"黑猩猩粉笔"笔刷绘制抱枕的细节与反光，完成深色抱枕的绘制。

4.12.4　绘制常见图案抱枕

01 复制浅色抱枕进行纹理的绘制。

02 新建图层并设置"剪辑蒙版"模式，选择一款纹理进行填充。

03 调整图层混合模式，观察效果。

04 在编辑模式中使用"弯曲"工具调整纹理，增强体积感。

05 切换其他布纹类笔刷尝试更多纹理变化，并使用"弯曲"工具编辑纹理。

06 调整细节，完成常见图案抱枕的绘制。

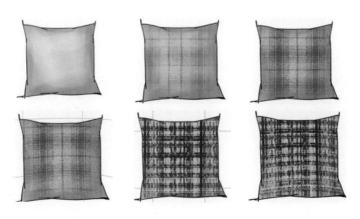

4.12.5　绘制个性化图案抱枕

01 复制深色抱枕进行纹理的绘制。

02 新建图层并设置"剪辑蒙版"模式，选择一款艺术笔刷（如"流行"笔刷）进行简单上色。这里可以使用不同的颜色感受不同的效果。

课后练习题

　　1. Procreate 的常用功能有哪些?

　　2. 运用本章所学知识，尝试绘制不同材质的室内装饰元素。

第5章

室内单体与软装表现技法

学习目标

♦ 能够准确刻画单人沙发的造型，表现沙发的材质并塑造其体积感。

♦ 熟练掌握不同材质及纹理的室内单体的表现技法。能够在室内单体的造型方面有所突破，绘制出曲面异型
单体。

♦ 学会建立透视，并灵活运用于对室内设计各类空间的表现中。

5.1　单人沙发的画法

难度	★★☆☆☆
画布大小	A3
分辨率	300DPI
所用功能	参考、阿尔法锁定
所用笔刷	Gesinski油墨、尼科滚动、黑猩猩 粉笔

Gesinski 油墨

尼科滚动

黑猩猩粉笔

5.1.1　绘制线稿

01 用几何形概括沙发形体。忽略细节及弧形转折，用几何形辅助理解结构。

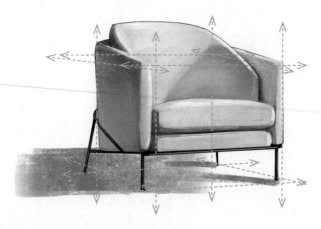

02 用几何形分解结构，在绘制草图的过程中思考结构的变化。

03 使用"Gesinski油墨"笔刷，根据草图绘制精细的线稿。

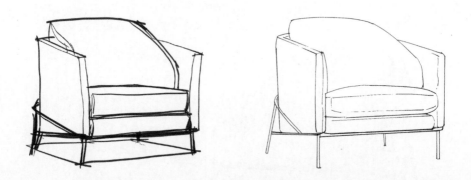

5.1.2　上色过程

01 将线稿图层设置为"参考"模式，在线稿图层下方新建图层，为沙发填充底色。

02 将沙发底色图层设置为"阿尔法锁定"模式，准备为其上色。

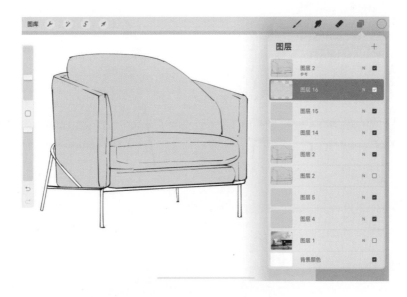

03 使用"尼科滚动"笔刷涂抹暗部，区分亮面和暗面。

04 使用"Gesinski油墨"笔刷绘制金属底座结构。

05 使用"尼科滚动"笔刷强调明暗交界线，增强沙发体积感。

06 使用"尼科滚动"笔刷涂抹灰面，将笔刷放大，以较小的力度绘制沙发灰面的纹理质感。

07 使用"尼科滚动"笔刷对暗面和灰面进行过渡，笔触生硬的地方用"黑猩猩粉笔"笔刷涂抹过渡。

08 使用"黑猩猩粉笔"笔刷绘制高光，增强黑白对比，强调细节的转折变化。

09 在最底部新建图层，使用"尼科滚动"笔刷绘制沙发的投影，完成单人沙发的绘制。

要点解析

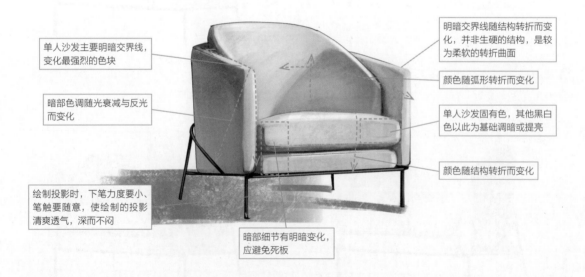

明暗交界线随结构转折而变化，并非生硬的结构，是较为柔软的转折曲面

颜色随弧形转折而变化

单人沙发固有色，其他黑白色以此为基础调暗或提亮

颜色随结构转折而变化

单人沙发主要明暗交界线，变化最强烈的色块

暗部色调随光衰减与反光而变化

绘制投影时，下笔力度要小、笔触要随意，使绘制的投影清爽透气，深而不闷

暗部细节有明暗变化，应避免死板

🔍 提示

　　单人沙发的画法是入门级别的手绘方法，可用于完成更多单体的绘制。另外，大家要深入了解更多造型和不同材质的单体室内家具的表现方法。

5.1.3 单人沙发表现实例

　　下面是多个单人沙发表现实例，大家可以根据前面讲解的绘制方法进行巩固练习，熟练掌握不同造型的单人沙发的绘制方法。

5.2 组合沙发的画法

难度	★★☆☆☆
画布大小	A4
分辨率	300DPI
所用功能	选取工具、填充工具
所用笔刷	技术笔、中等混色、软混色、尼科滚动

技术笔

中等混色

软混色

尼科滚动

5.2.1 绘制线稿

　　新建画布并新建图层，用"技术笔"笔刷完成组合沙发线稿的绘制。注意抱枕图层和沙发图层要分开，以便使用选取工具。

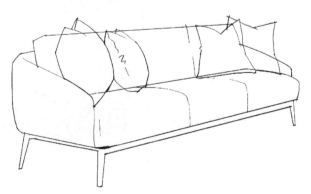

5.2.2　给沙发上色

01 用选取工具选中沙发闭合区域。

02 新建图层，用填充工具为已选中的区域快速填充底色，此时线稿和颜色为两个图层。

03 使用"软混色"笔刷涂抹沙发的亮部，表现亮面。

04 缩小"软混色"笔刷的尺寸，标注出沙发上高光的位置。

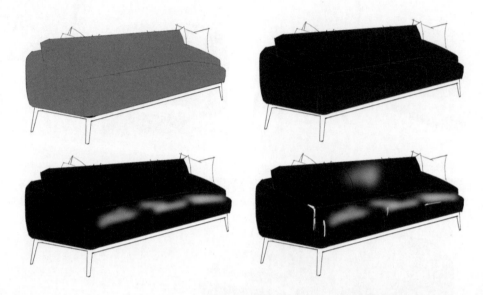

5.2.3　绘制沙发高光

01 新建图层，为抱枕填充底色。在沙发图层上使用"软混色"笔刷过渡亮面。

02 绘制高光，注意转折面的黑白变化。适当调整笔刷大小，增强坐垫接缝的体积感。

03 绘制扶手的亮面，用"软混色"笔刷表现出扶手的体积感。

04 使用"软混色"笔刷绘制扶手转折面的高光变化。

05 用同样的手法绘制其余坐垫的光影变化。

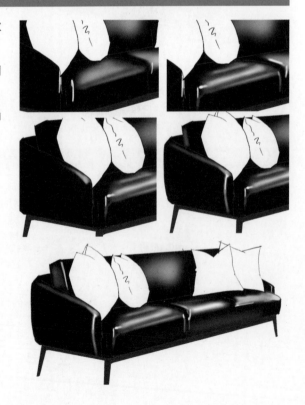

5.2.4　绘制抱枕

01 使用填充工具给抱枕填充灰色。

02 添加纹理，补充细节，完成抱枕的绘制。

5.2.5　绘制细节与整体调整

01 使用"软混色"笔刷绘制沙发的反光，增加对比，使画面不沉闷。

02 使用"中等混色"笔刷绘制沙发实木腿部的体积感。

03 在所有图层最下方新建图层，使用"尼科滚动"笔刷绘制投影，注意笔触要简练。

要点解析

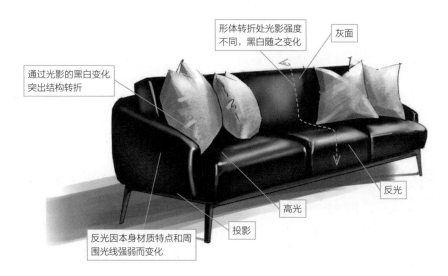

5.2.6　皮革材质表现实例

在绘图过程中，会遇到很多种皮革材质，大家要多尝试不同的画法，并且善于总结，掌握基本原理，做到活学活用。

下面是多种皮革材质表现实例，大家可以根据前面讲解的绘制方法进行巩固练习，熟练掌握不同颜色皮革材质的绘制。

> 🔍 **提示**
>
> 无论什么材质的沙发，其画法基本相似。在绘制沙发质感时，只有找对纹理笔刷，匹配相应的颜色，才能绘制出自己需要的质感。

5.3　曲面异形单体沙发的画法

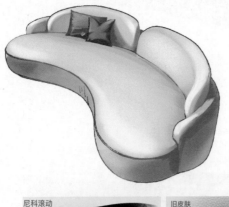

难度	★★☆☆☆
画布大小	A4
分辨率	300DPI
所用功能	参考、阿尔法锁定
所用笔刷	尼科滚动、旧皮肤、黑猩猩粉笔

尼科滚动　　　　　　旧皮肤　　　　　　黑猩猩粉笔

5.3.1　绘制线稿

对于曲面异形单体沙发，如果不使用一定的技巧，那么很难将其准确地画出来。本节通过讲解曲面异形单体沙发的常见画法，帮助大家快速掌握曲面异形单体沙发的绘制。

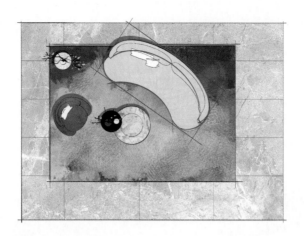

01 用弧形概括几何形，用大弧度线条概括沙发弧度。

02 从几何形开始绘制，确定沙发的透视。

03 用大弧线简单概括沙发造型，确定沙发的基本形。

04 用简练的线条勾画沙发造型。

05 使用"尼科滚动"笔刷绘制沙发厚度，以及抱枕等装饰元素。

06 草图轮廓确定后，再深入勾画线条，完成弧形沙发线稿的绘制。

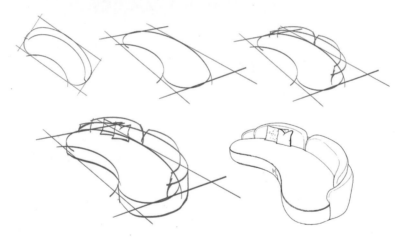

用同样的方法绘制另一透视角度的弧形沙发。下图所示为绘制步骤。

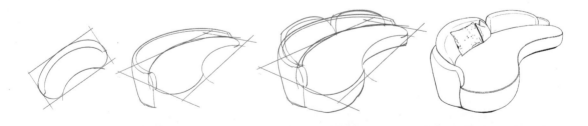

5.3.2　上色过程

对沙发的色彩与明暗进行解析，理解最基本的色彩关系与黑白灰关系，可以帮助大家在使用笔刷绘图时有计划地运笔，下笔更准确，绘制过程中思路更加清晰。

下图所示为弧形沙发的黑白灰关系与色彩关系解析。

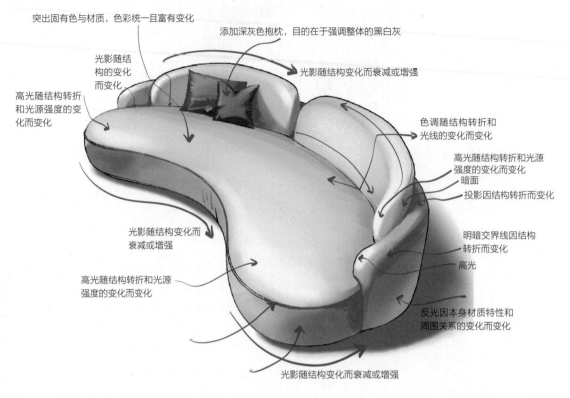

突出固有色与材质，色彩统一且富有变化

添加深灰色抱枕，目的在于强调整体的黑白灰

光影随结构的变化而变化

光影随结构变化而衰减或增强

高光随结构转折和光源强度的变化而变化

色调随结构转折和光线的变化而变化

高光随结构转折和光源强度的变化而变化

暗面

投影因结构转折而变化

光影随结构变化而衰减或增强

明暗交界线因结构转折而变化

高光随结构转折和光源强度的变化而变化

高光

反光因本身材质特性和周围关系的变化而变化

光影随结构变化而衰减或增强

01 准备好线稿，检查其轮廓线条是否闭合，使用"参考"模式填充沙发底色，并设置为"阿尔法锁定"模式。

02 使用"尼科滚动"笔刷分别涂抹沙发的黑、白、灰部分。

03 把沙发亮面的亮度提高，强化黑白灰关系。

04 使用"旧皮肤"笔刷，对色块进行过渡晕染。

05 使用"黑猩猩粉笔"笔刷再次过渡亮面。

06 绘制出抱枕的颜色，注意强调画面中的深色。

07 新建图层并置顶，使用"黑猩猩粉笔"笔刷强调高光，注意高光的造型要随着结构转折和光线强度的变化而变化。

5.4　客厅组合沙发的画法

难度	★★★★☆
画布大小	A3
分辨率	300DPI
所用功能	2D网格辅助、一点透视辅助、扭曲、等比、阿尔法锁定
所用笔刷	技术笔、干油墨、尼科滚动11、喷溅涂抹、中等混色、尼科滚动

技术笔　　干油墨　　尼科滚动11

喷溅涂抹　　中等混色　　尼科滚动

5.4.1　绘制线稿

01 准备平面图素材，将素材裁切为长6600mm、宽5500mm的尺寸。

02 确定透视框架比例。使用2D网格
辅助功能，确定大概比例关系，在
大约1/3高度处确定视平线与灭点。
使用"技术笔"笔刷画出正对面的
墙体线。

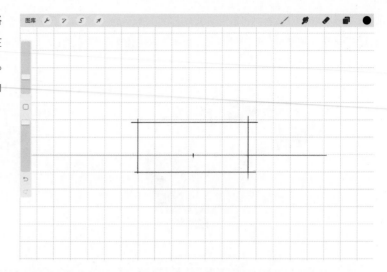

03 建立一点透视辅助，使用"技术笔"
笔刷勾画出主要墙体框架。

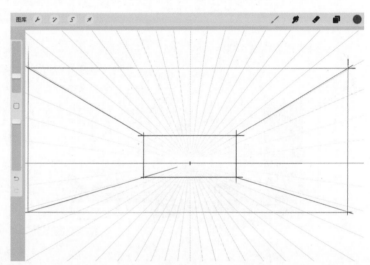

04 导入平面图素材并调整至合适大小。

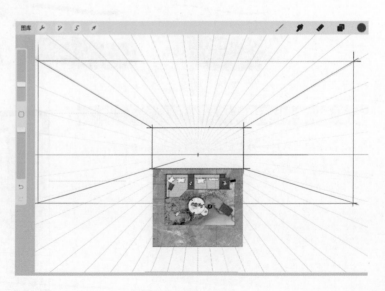

05 使用"扭曲"模式拉伸平面图素材至地面网格处。

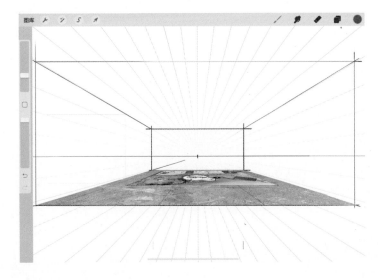

06 降低平面图素材图层的不透明度，新建图层，确定主要家具的位置。使用"技术笔"笔刷勾勒家具草图，注意家具单体的宽、高等比例关系。

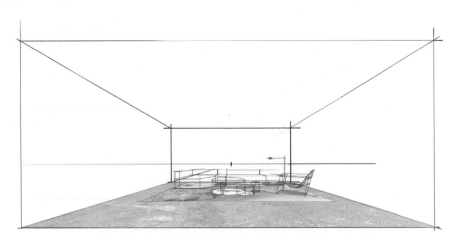

07 绘制墙体的主要结构线条，表现出墙面材质与结构分割线。

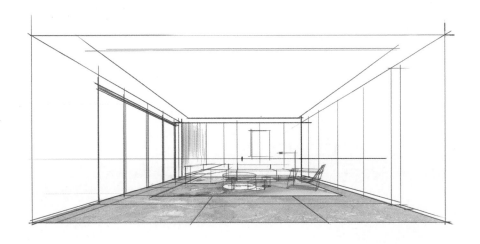

08 降低所有图层的不透明度，新建图层并结合绘图辅助功能，使用"干油墨"笔刷绘制家具。

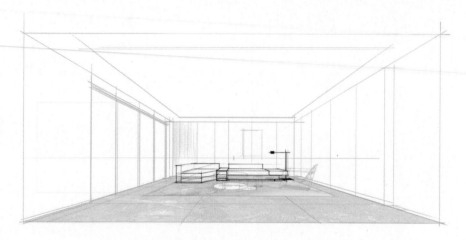

09 将画布裁切至合适大小，突出重点，使构图更加饱满。

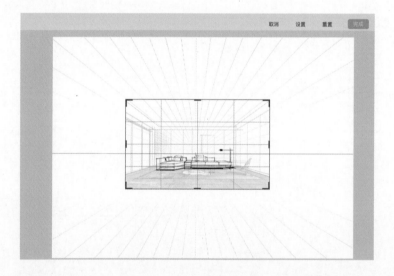

10 深入绘制家具，注意要分图层绘制。家具线稿要用不同颜色进行区分，以便观察。

11 把不需要的图层隐藏或删除，完成线稿的绘制。因为后期要上色，所以线稿不用画得过于精细。

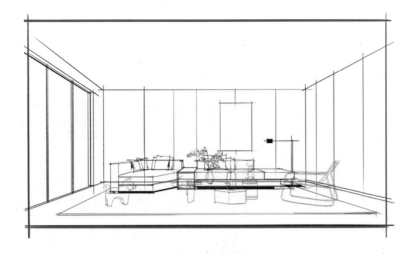

🔍 **提示**

在绘制线稿时，应学会分图层、分材质、分前后的画图方法。

在进行构图时，可以适当地拉伸或者裁切画布，以保证画面舒适饱满。

5.4.2 上色过程

01 填充底色。使用快速填充颜色法，分别为墙面、地面、沙发、装饰品填充底色，注意需要分类型、分材质、分图层填充底色。这一步要将线稿和色块分离，以便后续进行颜色涂抹。将隐藏的平面图素材图层打开，显示出地面的材质样式。

02 为抱枕填充底色，以区分抱枕的类型。使用"尼科滚动11"笔刷，简单区分沙发的黑白灰关系。

03 为沙发组合柜上底色，以区分柜子的明暗。
根据茶几材质的色彩与黑白灰关系，绘制
出茶几的体积感。

04 导入贴图素材，用"等比"工具拉伸贴图，
作为茶几桌面的材质。这里使用大理石贴
图素材填充茶几桌面。

05 使用"扭曲"模式将大理石贴图素材拉伸
至合适大小。

06 将圆形桌面边缘多余部分擦除，加深桌面
边缘，表现出桌面的厚度，强化桌面的体
积感。

07 绘制休闲椅。在"阿尔法锁定"模式下，使用"喷溅涂抹"笔刷绘制椅子的明暗变化。

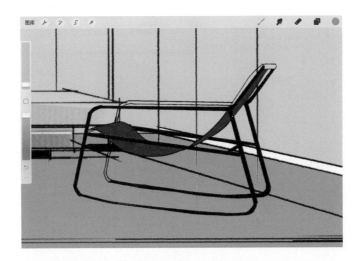

08 把金属结构当成圆柱体进行绘制，使用"中等混色"笔刷先画重色，再加高光，即可完成椅子金属结构的绘制。

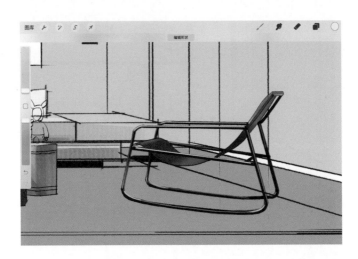

09 绘制皮革玩偶。在"阿尔法锁定"模式下，使用"尼科滚动"笔刷绘制玩偶的明暗变化。

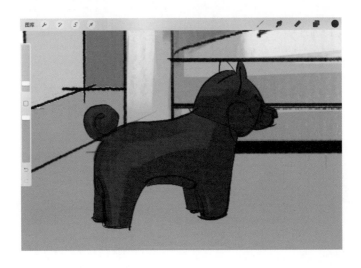

10 绘制玩偶的亮部，以区分明暗。

11 选择并使用颗粒类笔刷，表现玩偶皮革材质的质感，注意色块要有变化。

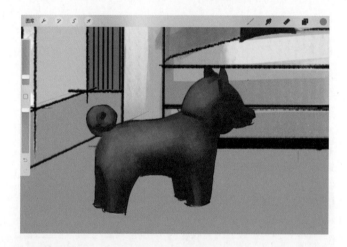

12 绘制抱枕。将抱枕图层设置为"阿尔法锁定"模式，准备为其上色。

13 在"阿尔法锁定"模式下，使用"尼科滚动11"笔刷绘制出所有抱枕的体积感。

14 绘制背景墙。使用"尼科滚动11"笔刷，以大笔触涂抹墙面，运用笔触的交叉变化来区分墙体的前后转折。这里可以不用考虑笔触的过渡，保留大笔触质感体现笔触的变化。

15 软装饰品的绘制比较灵活，既可以参考前面讲解的方法，也可以使用贴图素材替代。新建图层，绘制投影，将图层混合模式设置为"正片叠底"。新建光线图层，将图层置顶，修改图层混合模式为"添加"，并修改图层的不透明度。

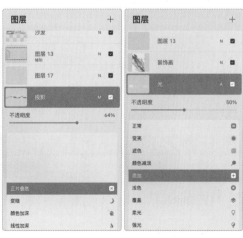

要点解析

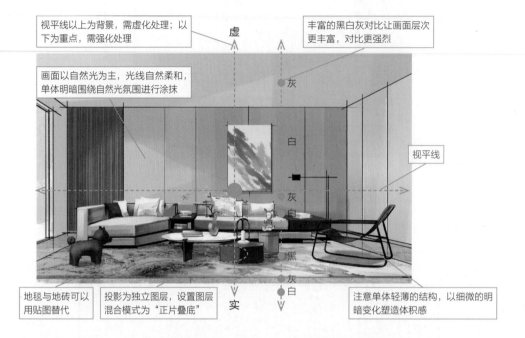

视平线以上为背景，需虚化处理；以下为重点，需强化处理

丰富的黑白灰对比让画面层次更丰富，对比更强烈

画面以自然光为主，光线自然柔和，单体明暗围绕自然光氛围进行涂抹

视平线

地毯与地砖可以用贴图替代

投影为独立图层，设置图层混合模式为"正片叠底"

注意单体轻薄的结构，以细微的明暗变化塑造体积感

5.5 地毯的画法

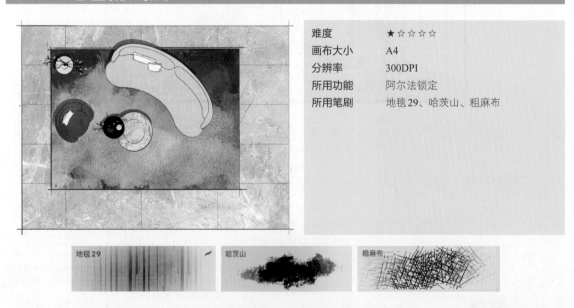

难度	★☆☆☆☆
画布大小	A4
分辨率	300DPI
所用功能	阿尔法锁定
所用笔刷	地毯29、哈茨山、粗麻布

地毯29　　哈茨山　　粗麻布

5.5.1 基础纹理样式画法

01 建立矩形选区并填充底色，设置图层为"阿尔法锁定"模式。

02 使用"地毯29"笔刷在矩形选区中绘制地毯纹理，也可以选择不同的笔刷进行涂抹。

5.5.2 艺术纹理样式画法

01 使用"哈茨山"笔刷绘制艺术纹理。

02 使用"粗麻布"笔刷绘制粗糙的纹理质感。笔刷颜色需要深浅交替,这样能让纹理更加丰富。

03 绘制完成后导出并保存,作为贴图素材使用。

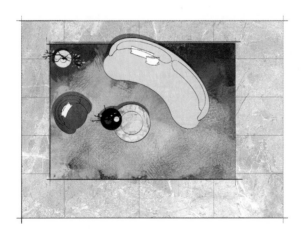

🔍 **提示**

　　地毯作为室内装饰元素的一部分,应根据环境氛围与色彩搭配使用。在绘制过程中,不要局限于单一笔刷与色彩,可以尝试多种笔刷与色彩的组合运用。

5.6 卧室床组合的画法

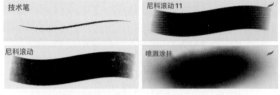

难度	★ ★ ★ ☆ ☆
画布大小	A3
分辨率	300DPI
所用功能	两点透视辅助、参考、阿尔法锁定、正片叠底、添加
本案例所用笔刷	技术笔、尼科滚动11、尼科滚动、喷溅涂抹

5.6.1 绘制线稿

`01` 新建画布，设置为两点透视辅助。绘制地脚线与视平线，根据地脚线与视平线位置，用几何形大概表示出家具的位置。

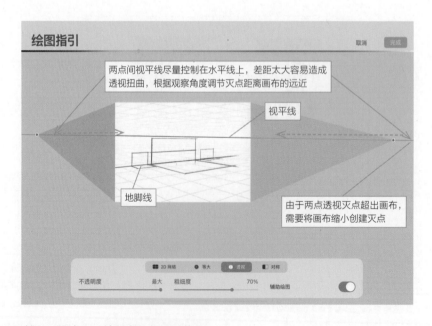

`02` 在"两点透视辅助"模式下，绘制家具的投影范围。

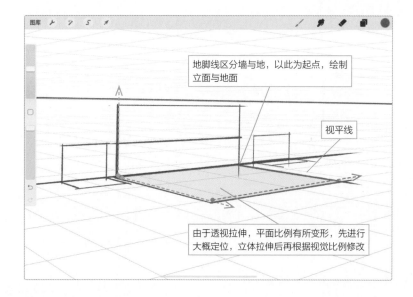

地脚线区分墙与地，以此为起点，绘制
立面与地面

视平线

由于透视拉伸，平面比例有所变形，先进行
大概定位，立体拉伸后再根据视觉比例修改

03 根据投影的位置向上拉伸出几何体块。

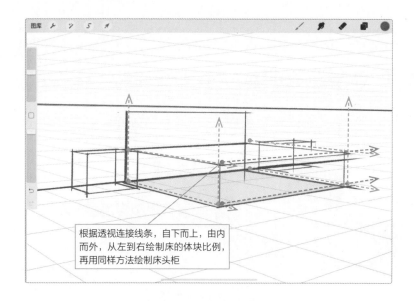

根据透视连接线条，自下而上，由内
而外，从左到右绘制床的体块比例，
再用同样方法绘制床头柜

04 在线稿草图的基础上，新建图层，使用"技术笔"笔刷绘制线稿。

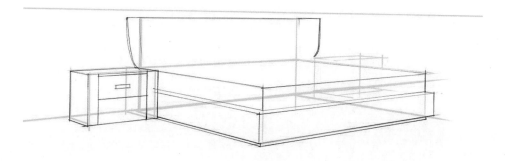

05 绘制精细线稿，用直线和曲线分别表现坚硬和柔软的材质。

要点解析

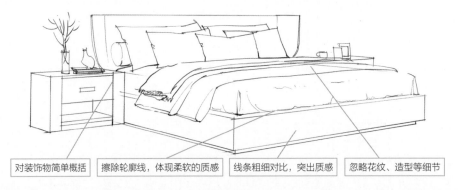

| 对装饰物简单概括 | 擦除轮廓线，体现柔软的质感 | 线条粗细对比，突出质感 | 忽略花纹、造型等细节 |

5.6.2　上色过程

01 将线稿图层设置为"参考"模式，新建图层，为画面主要色块填充底色。填充完成后将图层设置为"阿尔法锁定"模式。

02 根据床头靠背的结构转折，调整出明暗变化，使用"喷溅涂抹"笔刷绘制床头靠背。

03 选择枕头图层，使用"尼科滚动11"笔刷绘制枕头的明暗色块。绘制被子的转折，表现被子的厚度，通过明
暗变化突出被子的体积感。

04 使用"尼科滚动11"笔刷绘制枕头的结构细节与表现颜色过渡，强化被子的体积感。

05 继续绘制枕头，注意颜色的对比与明暗变化。适当强调枕头的细节纹路变化，增强枕头的体积感与趣味性。

06 使用"尼科滚动11"笔刷绘制床垫的明暗面与布折的起伏变化。

07 强化床垫的亮部，表现床垫的明暗关系，增强其体积感。

08 使用"喷溅涂抹"笔刷表现床架的明暗变化，强化床架的体积感。

09 绘制布面条纹质感，导入贴图素材，使用"扭曲"工具拉伸素材至合适位置。

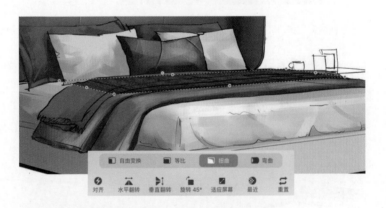

10 使用"弯曲"工具进一步拉伸素材的形状，微调细节的起伏转折。

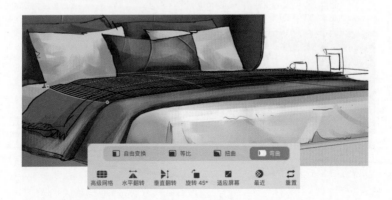

11 使用"液化"工具调整布
纹的细节，多余的部分用
橡皮擦擦除。

使用"液化"工具
调整布纹曲面

12 为画面添加装饰品。

13 使用"尼科滚动"笔刷绘制床头柜，注意体块
的明暗变化。

14 绘制地毯，重点表现纹理质感。

15 根据透视角度，将地毯拉伸至合适位置。

16 新建图层，设置图层混合模式为"正片叠底"，使用"尼科滚动"笔刷绘制家具投影。绘制地毯边缘厚度，增强地毯的体积感。

17 新建图层，设置图层混合模式为"添加"，使用"喷溅涂抹"笔刷绘制画面的高光，强化画面的黑白对比。

要点解析

枕头的绘制区分前后叠加
关系与黑白灰对比关系

通过颜色的黑、白、深灰、浅灰等
变化，使画面色彩对比强烈又和谐

白

深灰

深灰

白

浅灰

黑

深灰

白

虚

实

虚

画面整体由中间向两侧
呈现由实到虚的变化

表现柔软的材质时要将
线稿轮廓擦除，坚硬的
材质需要强化轮廓线

笔法运用随材质特点而变化，用不
同的笔刷和技法绘制光滑与粗糙、
柔软与坚硬、粗犷与细腻等材质

课后练习题

1. 运用本章所学知识，尝试绘制单人床。

2. 运用本章所学知识，尝试绘制卧室空间。

第6章

平面图表现技法

学习目标

♦ 掌握室内设计平面图线稿的画法。

♦ 掌握办公室彩色平面图的填充方法。

♦ 掌握古城民宿室内设计彩色平面图的画法。

♦ 学会将上述方法运用到其他彩色平面图的绘制中。

6.1 平面图线稿的画法

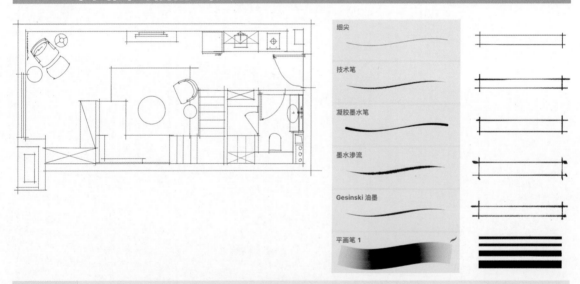

难度	★★★☆☆
学习要点	1. 笔刷选择：根据个人习惯与风格喜好，选择笔刷并熟悉笔刷特点。
	2. 辅助工具运用：学会使用2D网格辅助与对称辅助绘制平面图元素。
	3. 学习平面图线稿整体绘制流程：从框架绘制到室内结构绘制，再到家具绘制，完成平面图线稿。
	4. 平面比例控制：学会使用2D网格辅助调整比例关系，控制平面比例。
所用笔刷	细尖、技术笔、凝胶墨水笔、墨水渗流、Gesinski油墨、平画笔1（均为软件自带笔刷，没有修改参数，可以灵活运用）

6.1.1 平面图元素的画法

平面图是整套设计方案中最重要的部分之一，也是室内设计的第一步。本小节介绍各类平面图元素的绘制方法，绘制时需要注意把握好平面图元素的结构和层次，绘制的线条要简洁概括。

1. 利用2D网格辅助绘制

绘制平面图元素时，首先要建立一定比例的网格。水平、垂直线条可以利用辅助功能绘制，也可以在网格中徒手绘制。单人沙发、单人椅、组合沙发、床等基本元素可以使用2D网格辅助绘制，其他类似元素也可以使用2D网格辅助绘制。

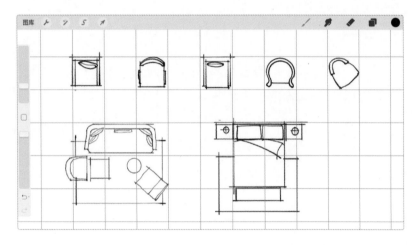

2. 利用对称辅助绘制

一些对称的元素可以利用绘图辅助中的对称辅助完成绘制。

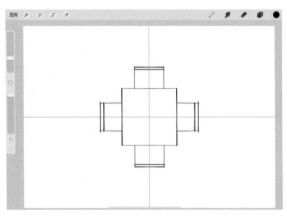
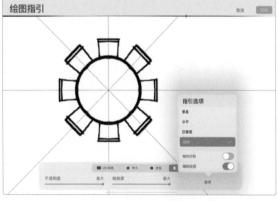

3. 家具元素徒手绘制

绘制异形家具时，难以使用辅助功能，因此对于设计师来说，徒手绘制是必修课。徒手绘制能增强手绘作图能力，提高手绘线条的熟练度，且徒手绘制的画面更加生动自然。

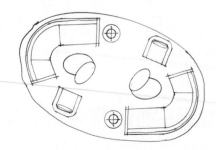

> 🔍 **提示**
>
> 　　线条绘制需要进行日积月累的练习才能熟练掌握，因此大家日常要多动手、多总结，注意练习的方法。

6.1.2　不同类型平面图元素的画法

（1）单人椅、沙发。

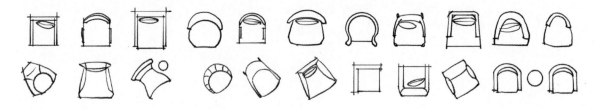

（2）组合沙发。

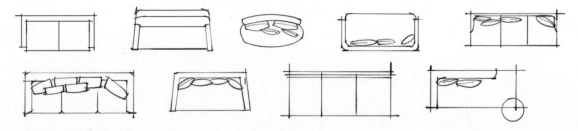

（3）休闲桌椅。

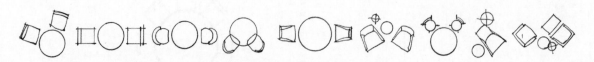

（4）躺椅、按摩椅。

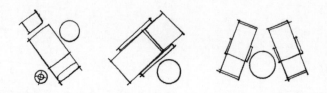

（5）客厅组合沙发。

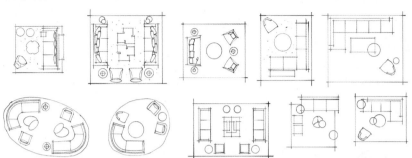

（6）卧具。

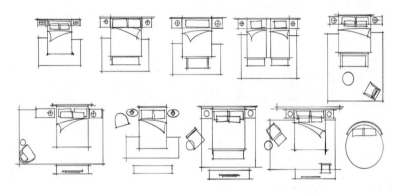

（7）餐桌椅。

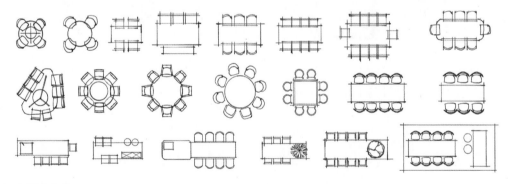

（8）厨房家具。

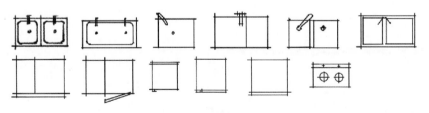

（9）卫浴家具。

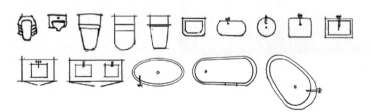

（10）柜子。

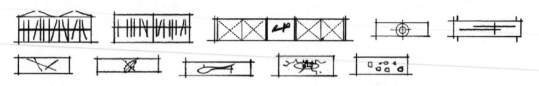

（11）灯具。

（12）门窗。

（13）其他。

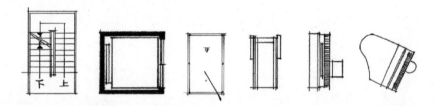

　　绘制平面图元素是室内设计手绘的必修课，组合使用徒手绘制与借助辅助功能表达的线条变化丰富，大家日常要多积累，整理出自己常用的素材库。

6.2　平面图的基础画法

　　本节以单身公寓平面图作为入门案例进行讲解，主要包括线稿和彩色平面图的绘制过程与常用方法。

所用贴图素材

难度	★ ★ ☆ ☆ ☆
学习要点	1. 颜色填充方法。
	2. 剪辑蒙版的使用方法。
	3. 家具阴影的绘制方法。
	4. 建筑长阴影的绘制方法。
所用笔刷	木地板、地砖

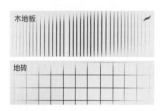

6.2.1　平面图线稿的画法

01 建立2D网格辅助，绘制原始结构墙体。调整网格大小，缩放至合适比例，如1：100或1：50，以便绘图时参考。

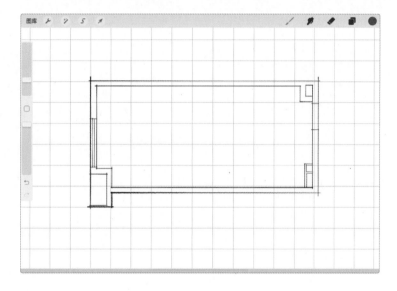

02 在建筑结构图的基础上思考动线、功能布局等。每一个思考的过程都在独立图层中完成，通过调整图层的不透明度实现各个图的叠加。

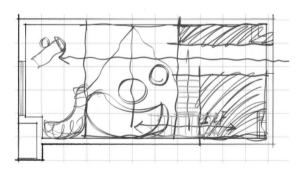

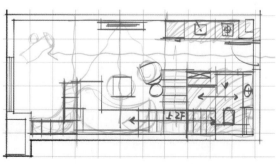

03 绘制室内布局的线稿，使用统一的线宽进行细节绘制，运用2D网格辅助功能绘制直线，徒手绘制弧线等元素。

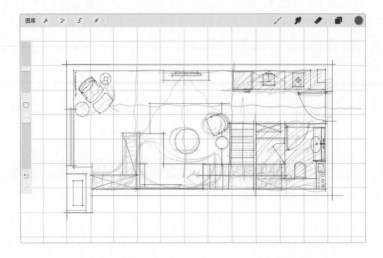

04 家具、洗手台盆、马桶等可以用笔刷绘制。由于笔刷大小、比例不同，要在独立图层中绘制，以便对素材进行缩放编辑。

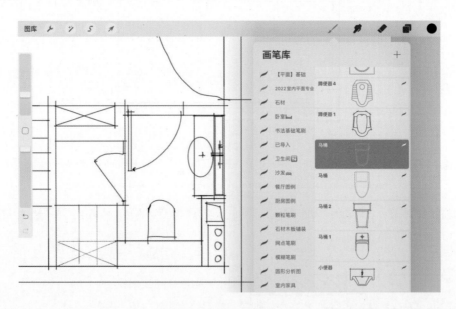

05 对马桶素材进行缩放编辑。使用"等比"模式对笔刷素材进行拖移、缩放，使其比例与底图一致。

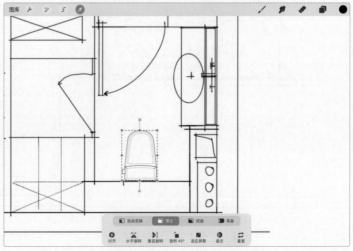

06 使用同样的方法绘制洗手台盆。

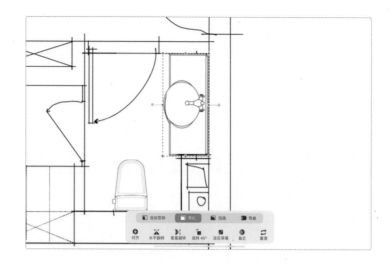

07 由于笔刷素材线稿的粗细深浅不统一，因此需要对图层进行编辑处理，从而将线稿加深。

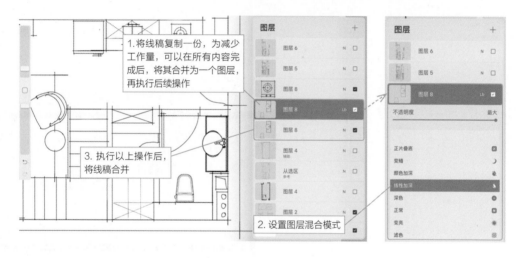

1.将线稿复制一份，为减少工作量，可以在所有内容完成后，将其合并为一个图层，再执行后续操作

3. 执行以上操作后，将线稿合并

2.设置图层混合模式

08 完成线稿的绘制。下图分别是1F、2F平面图线稿。

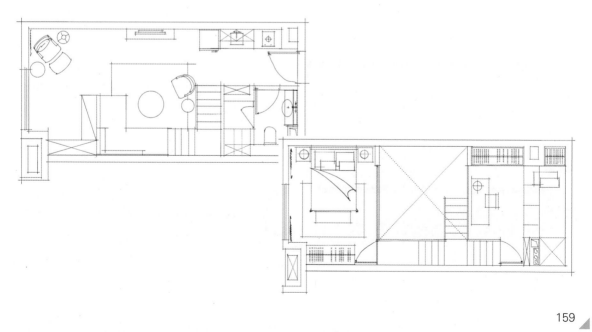

6.2.2　彩色平面图填色基本方法

1. 底色与材质纹理填充

01 擦除废线，准备好线稿。

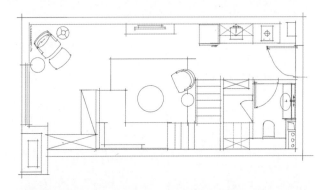

02 为非家具类素材填充底色。具体方法可参
　　考4.1.1小节。

03 导入地毯贴图素材进行填充。具体方法可参考4.3节。

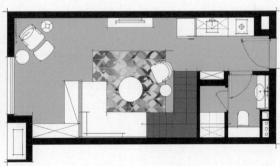

04 使用同样的方法完成地面的纹理填充。

05 使用"木地板"笔刷强化木地板纹理质感。

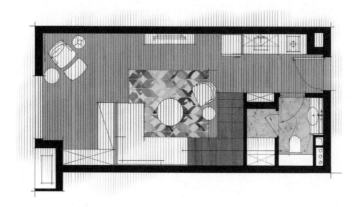

06 将木地板纹理图层设置为"剪辑蒙版"模式，并修改图层的不透明度为38%。

07 使用"地砖"笔刷绘制卫生间地砖网格。

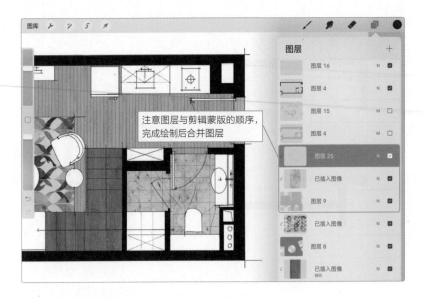

2. 家具投影绘制

`01` 使用"选取"工具，将家具填充为粉色。

`02` 复制家具图层，并将颜色改为黑色。使用"变换"工具中的"等比"工具，将其拖曳至家具背光处。

03 将原家具图层颜色改为白色，完成家
具投影的绘制。

3. 建筑长投影绘制

01 建筑长投影的画法与家具投影的画法类似，具体操作为：复制建筑墙体图层，单独为其填充彩色，以区分上下
图层。

02 对复制的新图层进行颜色快填。

03 拖曳建筑投影图层。

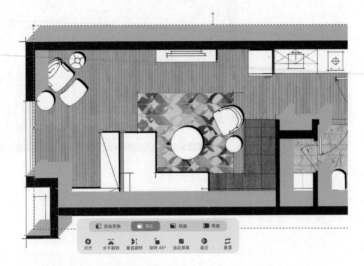

04 重复复制与拖曳操作，直到得到长度合适的投影。

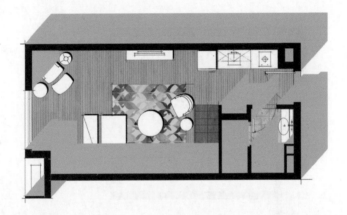

05 将投影图层的"亮度"调为55%、"饱和度"调为最低，然后修改其颜色为灰色。

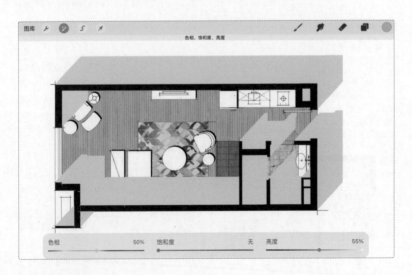

06 更改投影图层的图层混合模式。

07 完成颜色快填的彩色平面图的效果如下图所示。

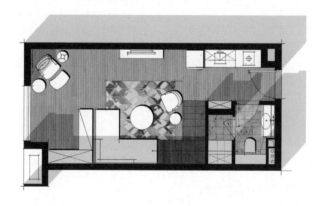

6.3　办公室单色平面图填充方法

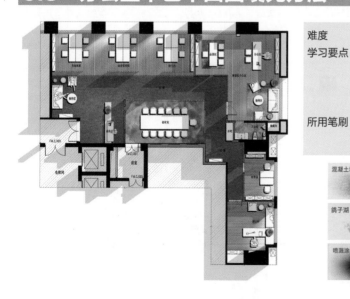

难度	★★☆☆☆
学习要点	1. "参考"模式和"自动"模式的用法。
	2. 掌握使用艺术笔刷绘制平面材质肌理、家具平面图的方法。
	3. 掌握建筑长投影的绘制方法。
所用笔刷	混凝土块、木地板、鸽子湖、雷探戈、喷溅涂抹

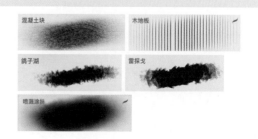

6.3.1　底色纹理填充

01 新建画布，将线稿导入画布中。

02 将线稿图层置顶并将图层混合模式设置为"正片叠底"，然后设置图层为"参考"模式。在线稿图层下方新建若
　　干图层，如果图层较多，可以进行重命名，以便编辑时查找。

03 在新图层上使用"自动"模式进行颜色填充，设置方法是点击"选取"→"自动"→"添加"→"颜色填充"。

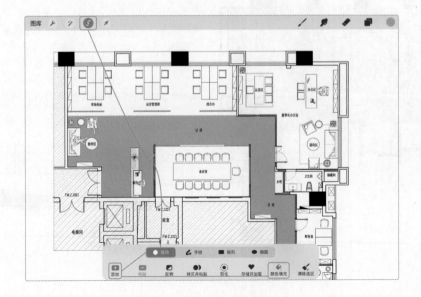

04 填充建筑框架墙体。

05 分区域、分色块、分材质、分图层为平面图填充底色。

06 将地面所在图层设置为"阿尔法锁定"模式，使用"混凝土块"笔刷以颜色深浅交替方式涂抹出地面纹理。

07 绘制木地板纹理，同样设置图层为"阿尔法锁定"模式，然后使用"木地板"笔刷绘制木地板纹理。

08 使用"鸽子湖"笔刷绘制董事长办公室地毯的纹理。

09 使用"雷探戈"笔刷绘制会议室地毯的纹理。

 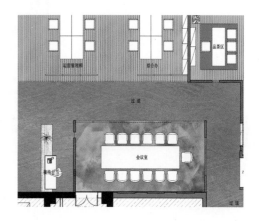

6.3.2 绘制家具投影与建筑长投影

01 将所有家具选中，新建一个图层并填充颜色。填充的颜色不代表家具的实际颜色，因此可以任意选择，填充的目的是使内容醒目好区分。

02 复制家具图层，将其颜色设置为黑色，并将该黑色图层移到原图层下方，将黑色色块拖曳至原色块的左下方。

03 将家具颜色改成白色，完成家具投影的绘制。如果需要虚化边缘，可以对投影图层进行"高斯模糊"处理。

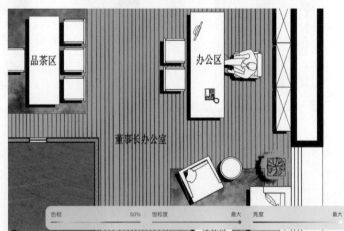

04 制作家具投影时，需要注意家具色块与家具投影色块图层的上下关系。

05 绘制建筑长投影。选中建筑墙体图层并填充颜色，然后通过颜色区分墙体与投影。

06 复制建筑墙体图层并将其向左下角拖曳。重复复制与拖曳，直到得到长度合适的投影。

 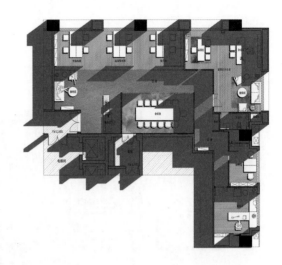

07 将投影图层颜色改为与建筑墙体同色，将投影图层的图层混合模式设置为"线性加深"（也可以使用其他混合模式），调整图层的不透明度至合适效果。此时，建筑长投影绘制完成。

 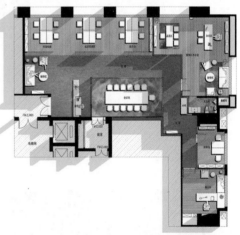

08 绘制窗外光影氛围，完善画面细节。在靠近来光方向，使用"喷溅涂抹"笔刷涂抹，并将图层混合模式设置为"添加"，用橡皮擦擦除多余笔触。

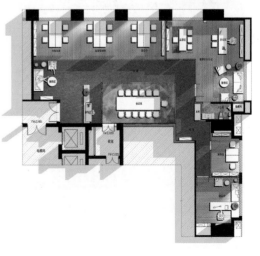

> 🔍 **提示**
>
> 单色平面图风格适合表现公共空间、商务空间的效果，大家可以根据自己的实际需求来应用。

6.4 办公室彩色平面图贴图素材填充方法

难度	★★☆☆☆
学习要点	1. 贴图素材的导入与编辑。
	2. 剪辑蒙版的使用。

所用贴图素材

01 使用6.3节案例的效果图进行贴图素材的填充。

02 导入与编辑木地板贴图素材。导入木地板贴图素材后，进行等比拉伸。导入时需注意图层的顺序，木地板贴图素材图层在上，色块图层在下。

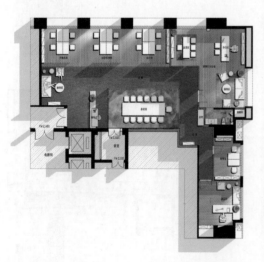

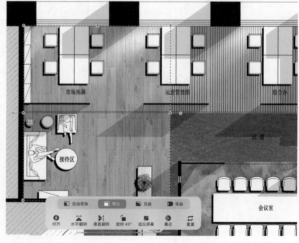

03 对木地板贴图素材进行拼接，拉伸木地板贴图素材使其布满木地板区域。

04 使用木地板贴图素材填充财务室等房间。拼贴完成后，调整木地板贴图素材的颜色，让木地板贴图素材的颜色匹配整体的色调。

05 使用"剪辑蒙版"功能完成地砖贴图素材的裁切。执行"剪辑蒙版"操作时，一定要选中地板相应区域，注意图层的上下顺序，否则将导致无法正确填充贴图。

06 导入与编辑地砖贴图素材。参
考木地板贴图素材的填充方法
完成填充。

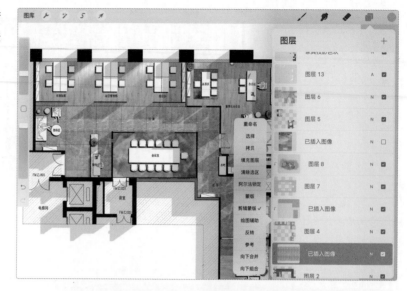

07 使用同样的方法完成会议室地毯贴
图素材的填充。

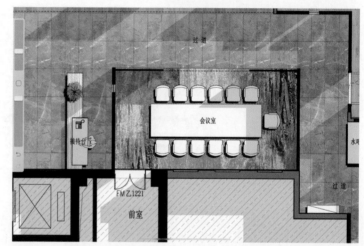

08 调整建筑阴影的参数，加强
画面整体对比，让画面有更好
的视觉效果。

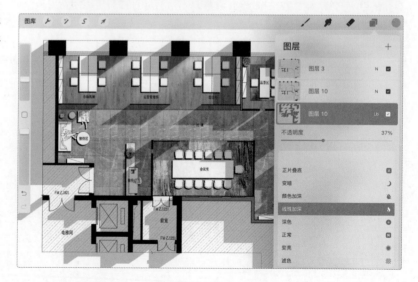

09 调整画面整体光影氛围，完成彩色平面图的绘制。后续可根据需要再进行完善。

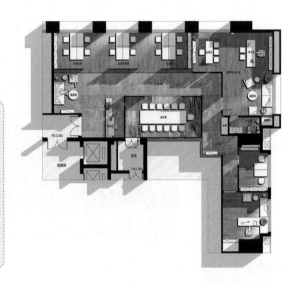

🔍 提示

　　不同类型的空间有不同的色调处理方法，如现代简约风格的空间就需要使用简洁、明快的色调处理方法，新中式风格的空间就需要使用朴素、偏暖灰的色调处理方法。平面图要能体现整体空间的气质与格调，设计师在日常练习中要善于总结，根据空间格调来搭配色彩。

6.5　办公室灯光照明系统平面图画法

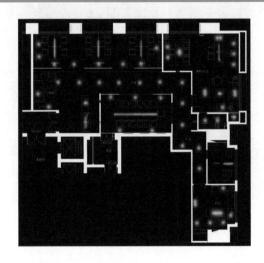

难度	★ ☆ ☆ ☆ ☆
学习要点	1. 图层设置处理方式。
	2. 灯光处理方法。
所用笔刷	沐风圆形光晕1、浅色笔

沐风圆形光晕 1　　　　　浅色笔

01 新建图层，导入线稿素材。

02 设置背景图层的颜色为深灰色、图层混合模式为"划分"。

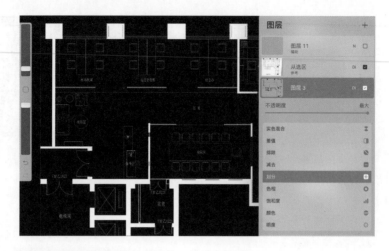

03 在新图层上用线条勾画出灯具所在位置。

04 使用"沐风圆形光晕1"笔刷绘制出灯光。

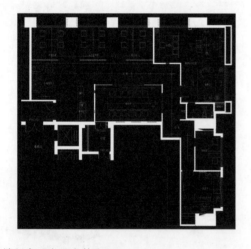
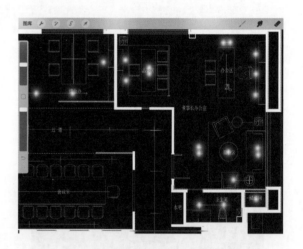

05 绘制出所有的点状光源。

06 使用"浅色笔"笔刷绘制出线条灯。

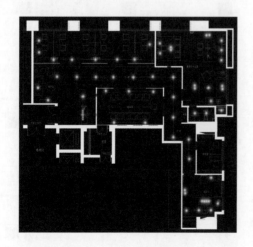
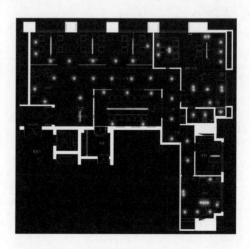

07 对图层使用"高斯模糊",并调整参数制作模糊效果。

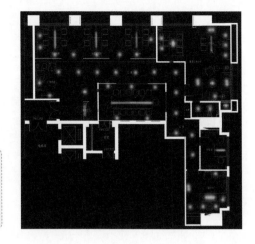

🔍 **提示**

　　其他空间的光源效果也可以参考本方法来制作,具体要根据不同的光影氛围与造型,使用不同的笔刷与形状。

6.6　古城民宿彩色平面图填充方法1

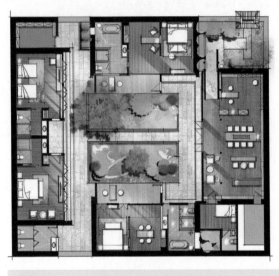

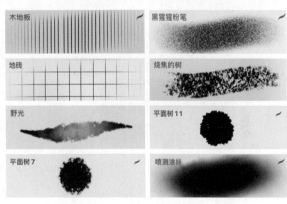

难度	★★★★★
学习要点	1. 利用纹理笔刷填充平面图。
	2. 光影氛围的处理。
	3. 参考工具的用法,阿尔法锁定和剪辑蒙版功能组合使用的方法。
所用笔刷	木地板、黑猩猩粉笔、地砖、烧焦的树、野光、平面树11、平面树7、喷溅涂抹

6.6.1　案例概况

（1）项目名称。

大同古城"清尘·居"设计方案。

（2）项目现状。

整个项目为砖木结构,四合院制式,不符合现代民宿居住要求。

（3）项目风格意向。

项目风格意向是新中式禅意风格。新中式禅意风格给人一种静谧、平和、舒缓的感觉，其设计追求的是一种清新高雅的格调，注重文化积淀，讲究雅致意境。

（4）平面功能设计。

入户庭院：保留传统四合院入户形式，满足入口集散与景观需求，使入户更具仪式感。

书吧区：为客人提供可进行品茶、阅读、禅修等的功能空间。

休闲/早餐区：民宿主要公区，为客人提供可进行休闲、交流、餐饮等的功能空间。

吧台区：民宿综合服务区。

起居室：在老宅的基础上进行改造，通过空间的合理组织、景观视线的引导，让起居室满足客人优质住宿生活的需求。

水景：提升庭院景观档次，以石板桥串联庭院交通动线。

厨房、员工休息室、公卫：满足运营需求。

景观平台、品茶区：在传统建筑中增加品茶区，使传统建筑更具趣味性，同时营造品茶赏景的氛围。

过道：增大空间缓冲区。

平板桥：贯穿院落，作为动线引导。

景观树池：增加特色种植池，打造庭院景观亮点。

（5）交通动线分析。

以庭院为中轴设计交通动线，客房环绕庭院布局；以石板桥为中轴，整体上下对称布局。

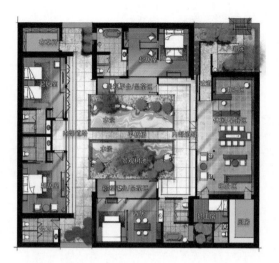 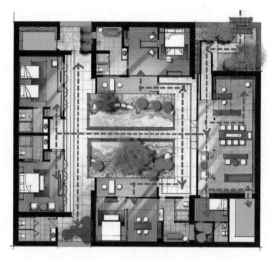

（6）项目实景效果图。

根据整个项目的需求进行设计，古城民宿室内设计各区域的实景效果如下图所示。

6.6.2　绘制古城民宿总平面图线稿

01 绘制本案例的线稿，注意不同内容要分图层绘制。

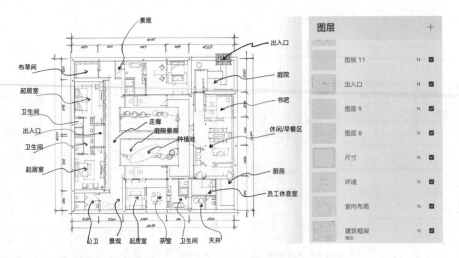

02 线稿处理。将各个图层的线稿合并，调整为单色，并填充墙体颜色。

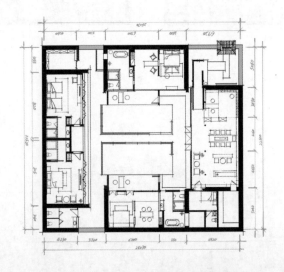

6.6.3　颜色填充与材质纹理细节绘制

01 使用"参考"模式，分功能、分区域、分材质、分图层为平面布局内容填充颜色。

02 绘制实木纹理。选择木纹类笔刷，挑选合适的纹理进行涂抹。

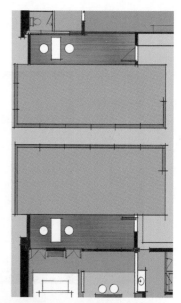

03 这里使用"木地板"笔刷涂抹出木纹质感。

04 绘制地砖。选中地砖色块图层，使用"黑猩猩粉笔"笔刷进行涂抹。其他材质根据不同的纹理选择合适的笔刷进行涂抹。

05 卫生间区域使用"地砖"笔刷绘制分割线，通过调整网格大小来调整地砖比例。

06 使用同样的方法绘制走廊。

07 绘制庭院。用不同的色块区分水面与草地。

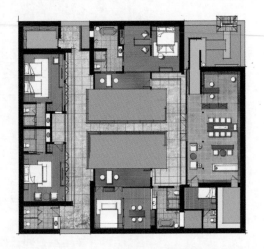 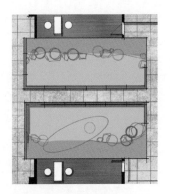

08 绘制草地。使用"烧焦的树"笔刷绘制草地，一遍深色加一遍浅色表现草地质感。

09 绘制水面。在水面色块上（新建独立图层并设置为"阿尔法锁定"模式）使用"野光"笔刷任意涂抹，用颜色深浅来表现水面变化。

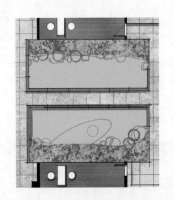 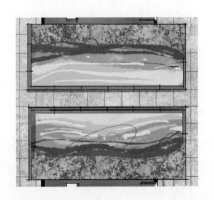

10 使用液化工具的"顺时针转动"模式扭曲水面。注意要关闭"阿尔法锁定"模式才能进行扭曲，可以根据实际情况使用不同的液化工具模式。

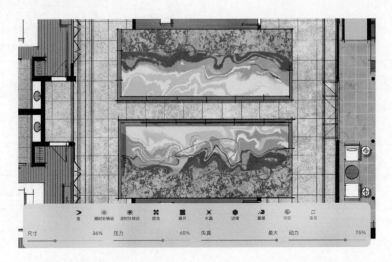

11 绘制石头与种植池。

12 绘制灌木与乔木。使用"平面树11""平面树7"笔刷绘制灌木与乔木。灌木与乔木要分别位于不同的图层，以便后续区分投影的层次。

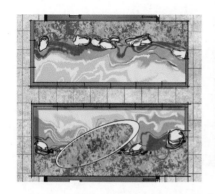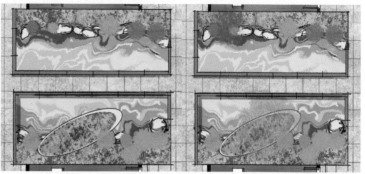

13 绘制树木投影。复制乔木与灌木图层并拖曳，将图层调整为黑白模式、图层混合模式设置为"正片叠底"。

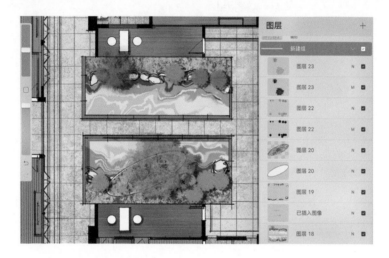

14 绘制地毯与木平台纹理，丰富画面的层次变化。

15 绘制光影氛围。使用"喷溅涂抹"
笔刷添加光影，将光线图层的图层
混合模式设置为"添加"。

16 调整细节。使用2D网格辅助功能将
网格旋转45°。

17 使用橡皮擦涂抹投影的轮廓边缘。涂抹可以
体现出丰富的光影变化，对建筑结构进行强
调。至此，整体绘制完成。

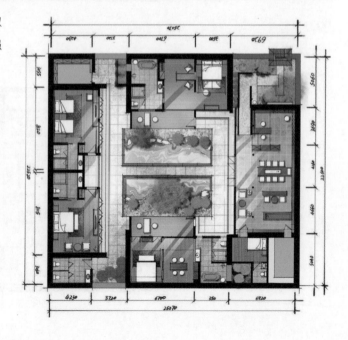

提示

在实际工作中，平面图的绘制可以结合多种方法来完成，平面图要以实际项目风格来确定色调。

（1）以使用笔刷绘制纹理为基础，对材质纹理进行绘制。

（2）以贴图素材为基础，结合笔刷的运用，对贴图素材进行编辑处理，完成彩色平面图的绘制。

彩色平面图绘制完成后，关于文字说明与尺寸标注，可以根据实际排版需求进行完善。

6.7 古城民宿彩色平面图填充方法2

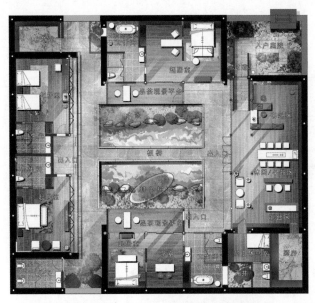

难度	★★★★★
学习要点	1. 利用贴图素材填充平面图。
	2. 参考工具，"阿尔法锁定"和"剪辑蒙版"功能组合使用的方法。
所用笔刷	木地板、黑猩猩粉笔、地砖、技术笔、烧焦的树、平面笔、平面树7、平面树11、平面树14、沐风大乔木、喷溅涂抹

木地板	黑猩猩粉笔	地砖	技术笔
烧焦的树	平面笔	平面树7	平面树11
平面树14	沐风大乔木	喷溅涂抹	

所用贴图素材

6.7.1 线稿导入及设置

01 整理线稿。擦除废线，隐藏文字标注、材质纹理等图层，导出建筑框架与平面元素等内容，确保线条清晰，以便后期进行颜色填充。

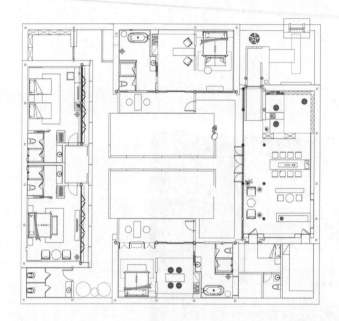

02 将整理后的线稿导入画布中，将图层混合模式设置为"正片叠底"。点击"添加"按钮，在线稿图层下方新建图层。

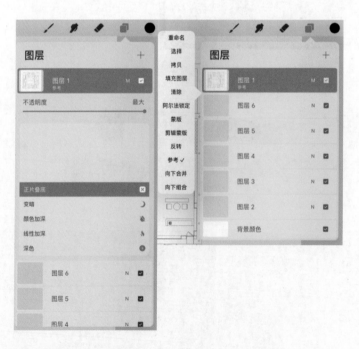

03 选择"选取"工具，在其高级选项中设置"添加""颜色填充"等功能，以便后期更方便地使用"自动""手绘"等模式进行颜色填充。

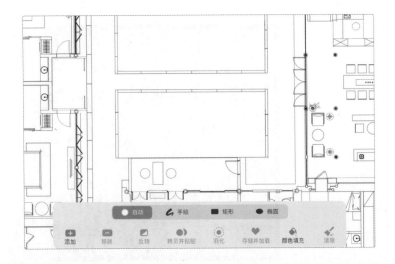

6.7.2　颜色填充与材质贴图素材绘制

01 选择黑色，使用填充工具填充建筑墙体。

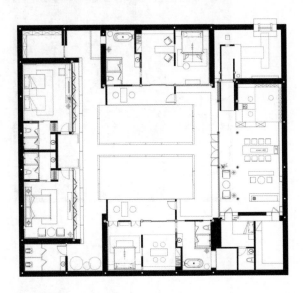

02 分材质、分区域、分图层填充底色。

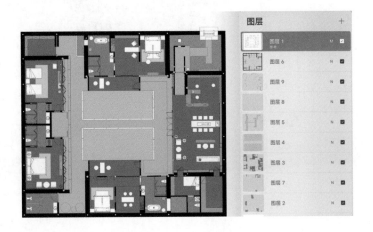

03 导入地砖贴图素材，根据图片纹理
比例进行缩放，使用"剪辑蒙版"
对材质进行填充。

04 使用对应的贴图对其他区域进行
填充。

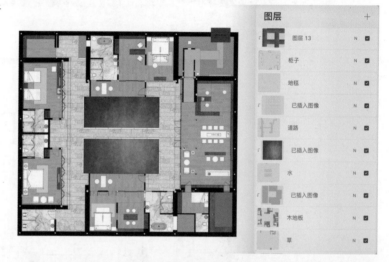

05 使用"色相、饱和度、亮度"调整
工具对木地板贴图的颜色进行调整，
降低贴图图层的亮度。

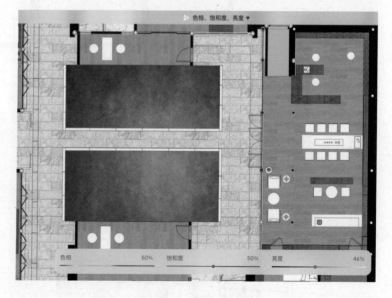

06 在"木贴图"图层上方新建图层，设置图层为"剪辑蒙版"模式，使用"木地板"笔刷绘制纹理。

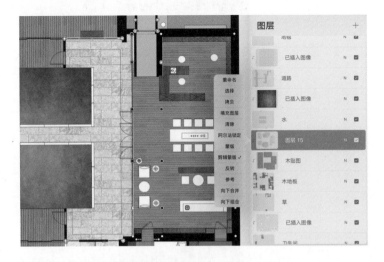

07 点击"调整"→"杂色"，对草地图层进行调整，表现草地的颗粒质感。

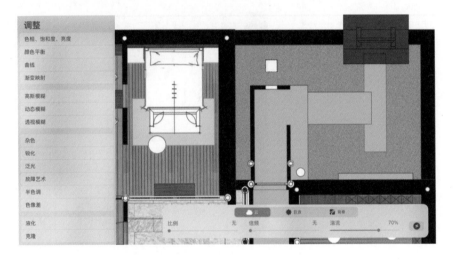

08 将"道路"图层设置为"阿尔法锁定"模式。

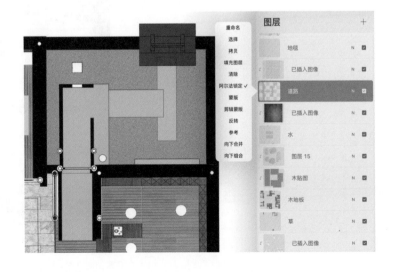

09 使用"黑猩猩粉笔"笔刷涂抹道路，表现道路的颗粒质感。

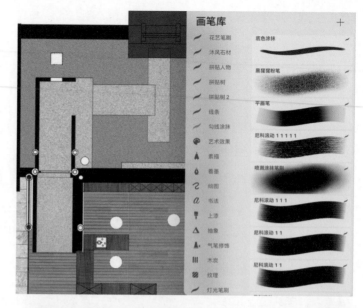

10 使用"色相、饱和度、亮度"调整工具对卫生间地砖贴图的颜色进行调整，降低亮度。

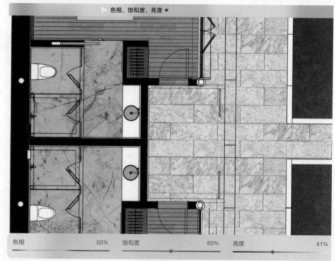

11 新建图层，使用"地砖"笔刷绘制卫生间地砖的分缝。

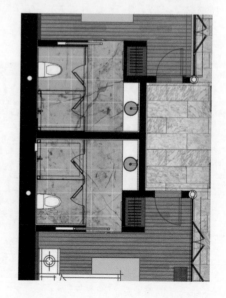

6.7.3　庭院水景与植物绘制

01 新建图层，使用"技术笔"笔刷绘制椭圆形种植池。

02 为种植池填充颜色，使用"烧焦的树"笔刷绘制种植池的草地质感。

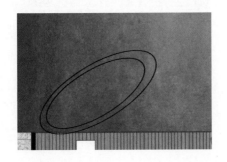
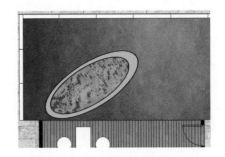

03 使用"平画笔"笔刷绘制种植池的边缘厚度，体现种植池的体积感。

04 新建图层，使用"平面树7""平面树11""平面树14""沐风大乔木"等笔刷绘制乔木与灌木。

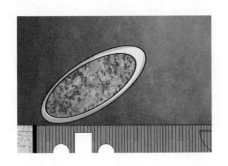
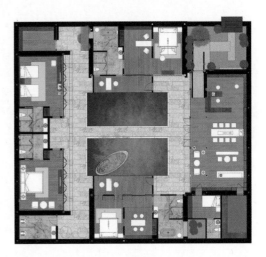

6.7.4　投影绘制与细节完善

01 复制树木所在图层并将该图层
中树木的颜色改为黑色，根据投
影角度拖曳该图层，并将其图层
混合模式设置为"线性加深"，完
成树木投影的绘制。

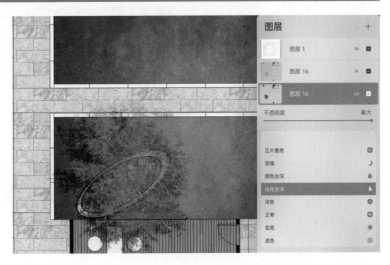

02 新建图层，设置图层混合模式为"线性加深"，使用"平画笔"笔刷绘制水池及栏杆的投影，注意水池投影的范围与栏杆投影的造型要合理。

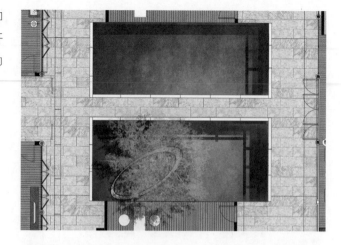

03 复制建筑线稿，将黑色改为蓝色，以便于辨认。

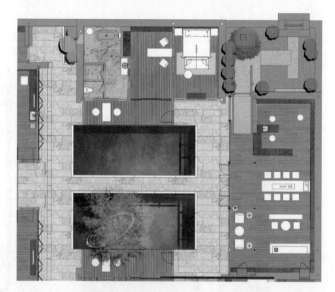

04 调整图层顺序，将建筑黑色墙体所在图层放在蓝色墙体所在图层之上，复制蓝色墙体所在图层并根据投影方向进行拖曳。

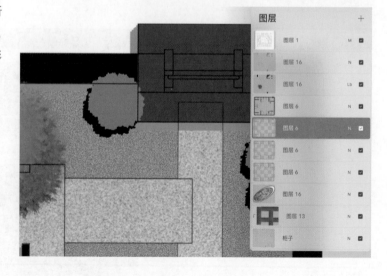

05 重复上一步操作，完成建筑投影的绘制。

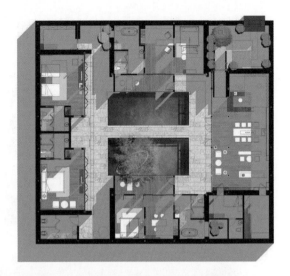

06 降低图层的饱和度到最低，稍提高图层
的亮度，将投影的蓝色调整为灰色。

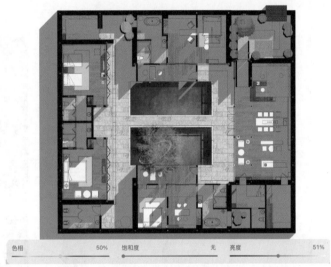

| 色相 | 50% | 饱和度 | 无 | 亮度 | 51% |

07 调整图层混合模式为"线性
加深"，根据颜色叠加效果更
改图层的不透明度。

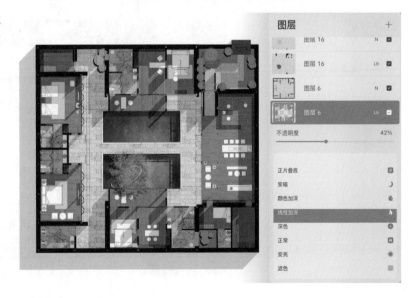

08 新建图层，设置图层混合模式为"线性加深"，开启2D网格辅助，使用"平画笔"笔刷绘制家具投影。圆形或其他角度的单体投影需要关闭辅助功能进行徒手绘制。

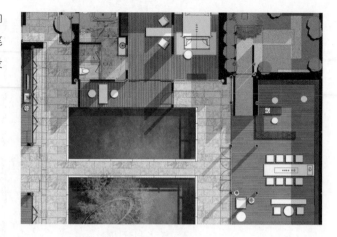

09 继续绘制地面台阶与水池扶手的投影，区分地面高低层次。

10 使用贴图对地毯进行填充，完善画面的细节。

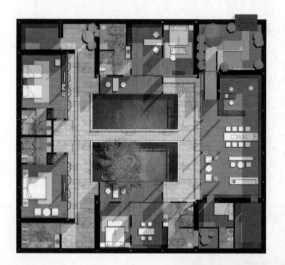
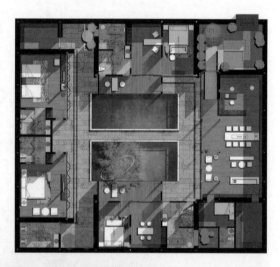

11 新建图层，设置图层混合模式为"添加"，使用"喷溅涂抹"笔刷绘制光线。注意光线图层与建筑阴影图层的上下位置。

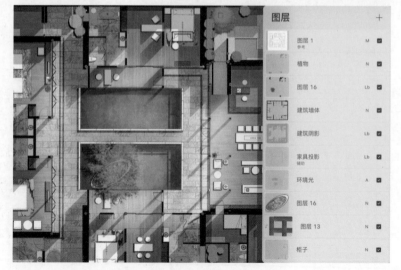

12 检查并完善细节，完成古城民宿彩色平面图的绘制。

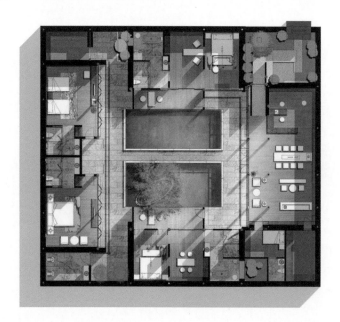

课后练习题

1. 练习不同类型平面图元素的画法，绘制不少于10种平面图元素。

2. 根据本章所讲的平面图线稿案例，完成不少于3张室内设计平面图线稿的绘制。

3. 运用本章所学知识，使用笔刷涂抹方法完成彩色平面图的填充。

4. 运用本章所学知识，使用贴图素材完成彩色平面图的填充。

第7章

立面图表现技法

学习目标

- 借助2D网格辅助，快速勾画结构框架。
- 学会用贴图素材进行材质表达。
- 能够根据彩色平面图绘制出相应的立面图。

7.1 立面图的画法

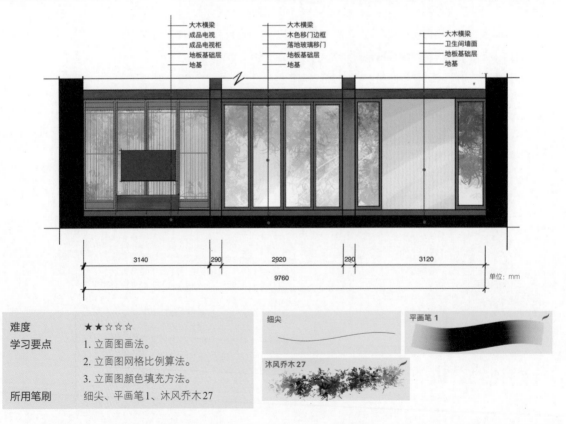

难度	★★☆☆☆
学习要点	1. 立面图画法。
	2. 立面图网格比例算法。
	3. 立面图颜色填充方法。
所用笔刷	细尖、平画笔1、沐风乔木27

本节以6.6节的案例效果为基础进行讲解。虽然古建筑结构与现代建筑结构不同，但是画法基本相同，大家要

学会举一反三、灵活运用。

01 确定线框的比例。将要绘制的立面图的范围在平面图中裁切出来，导入画布中。使用2D网格辅助，设置网格参考比例。粗略勾画立面比例关系，确定主要墙、梁、地的位置。

02 绘制结构框架。绘制立面门、窗及其他主要结构。

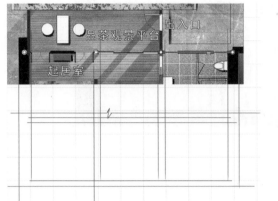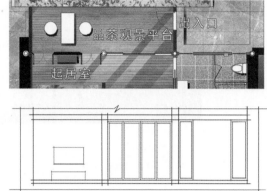

03 为画面填充底色。注意要分材质、分结构、分区域、分图层填充，以便绘制与修改。

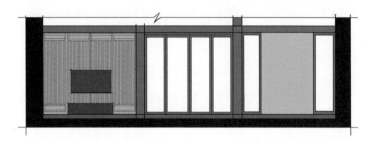

04 绘制材质。参考平面图材质的绘制方法，完成主要材质的绘制，结合笔刷或贴图素材完成立面图纹理的绘制。

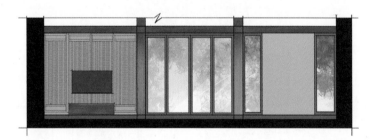

05 绘制窗户格栅与卫生间墙面。

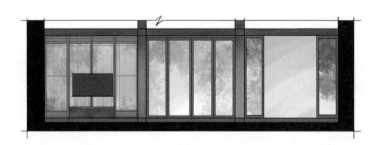

06 制作文字标注。其用来标注主要的材质与尺寸。

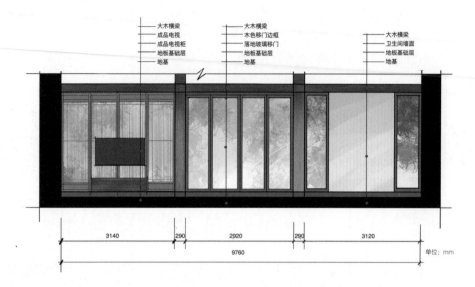

> 🔍 **提示**
>
> 　　本案例为古建筑四合院，与现代住宅户型结构不同，大家要理解画图流程与原理，并在日常工作中灵活运用。

7.2　民宿建筑立面图画法

难度	★★☆☆☆
学习要点	1. 立面图画法。
	2. 立面图网格比例算法。
	3. 立面图颜色填充方法。
	4. 环境氛围表现方法。
所用笔刷	拼贴树74、平画笔1

所用贴图素材

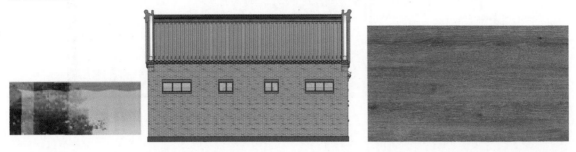

01 确定线框的比例。截取平面范围，将截图导入画布中。使用2D网格辅助功能，设置网格参考比例。粗略勾画立面比例关系，确定主要墙、梁、地的位置。

02 绘制结构框架。绘制屋顶、门、窗及其他主要结构。

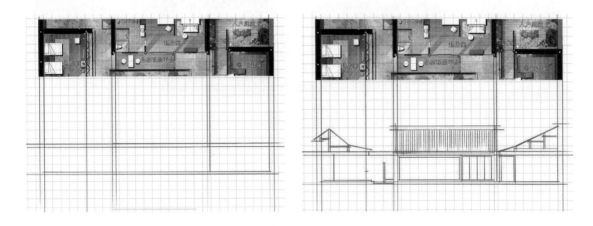

03 绘制细节。新建图层，绘制出建筑精细的结构。

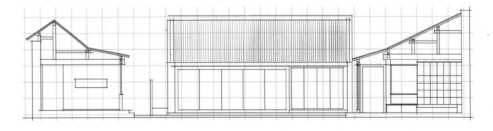

04 填充底色。注意要分材质、分结构、分区域、分图层填充颜色。

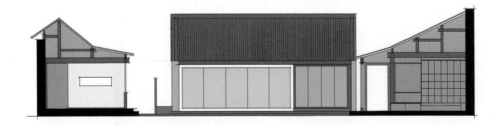

05 绘制材质纹理。填充贴图素材，运用"剪辑蒙版"完成主要材质纹理的绘制。

06 绘制书吧区立面。注意要区分立面材质,建立墙面色块选区。

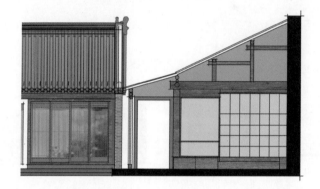

07 把色块图层设置为"阿尔法锁定"模式,再绘制墙面肌理。

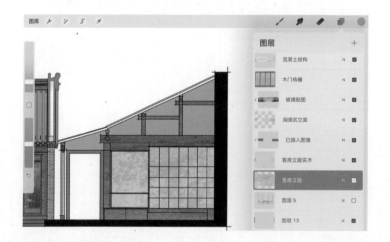

08 进一步细化,绘制主要材质与结构。

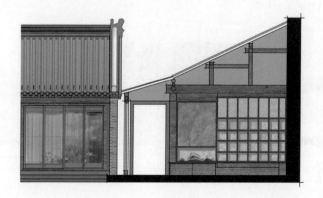

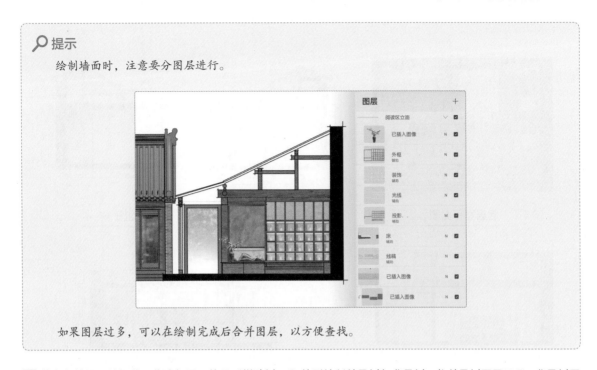

提示

绘制墙面时，注意要分图层进行。

如果图层过多，可以在绘制完成后合并图层，以方便查找。

09 补充完善画面的细节，营造氛围。使用"拼贴树74"笔刷绘制前景树与背景树。将前景树图层置顶，背景树图层置底。绘制人物元素，营造环境氛围。利用贴图素材，绘制阅读区花瓶等装饰品。绘制品茶观景平台的茶桌，并增加人物，丰富画面。使用"平画笔1"笔刷绘制起居室的床及装饰画等。

10 进行文字标注。

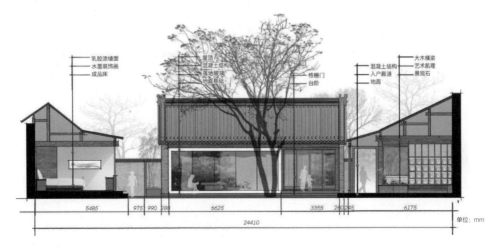

使用本节讲解的方法完成其他立面图的绘制。

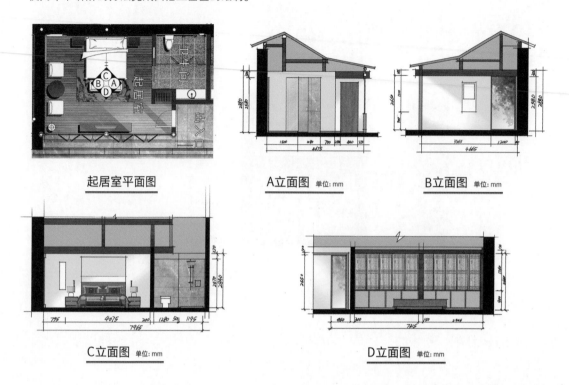

起居室平面图　　　　　　A立面图 单位: mm　　　　　　B立面图 单位: mm

C立面图 单位: mm　　　　　　D立面图 单位: mm

7.3　室内空间立面图范例

平面图绘制完成后，需要对各个立面进行说明。这既是对设计方案的补充，也是向客户提供的说明。将立面图的比例、材质表达清楚，使结构清晰，并配上标注文字，就可以形成完整的立面图。

下面是一些室内空间立面图范例。

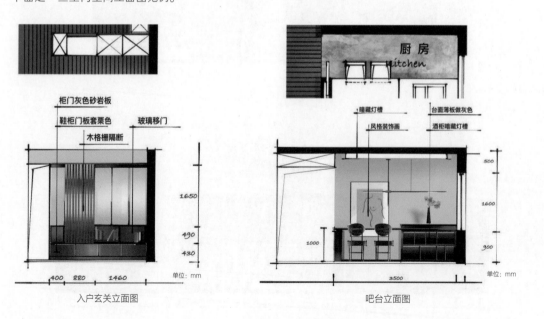

入户玄关立面图　　　　　　　　　吧台立面图

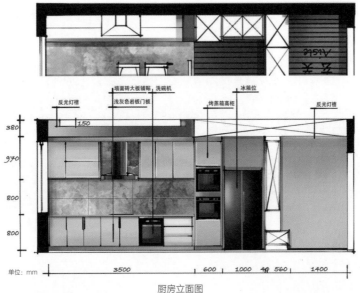

厨房立面图

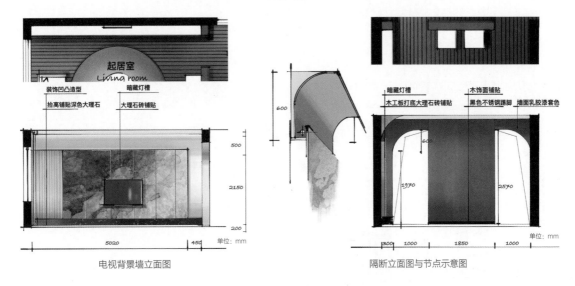

电视背景墙立面图　　　　　　　　隔断立面图与节点示意图

> 🔍 **提示**
>
> 　　立面图的作用是对平面图进行补充说明。在绘制立面图时，比例、结构、材质要表达准确，色彩搭配要美观，材质组合要得当，以为下一步深入设计提供参考。
>
> 　　立面图效果根据应用领域的不同有所区别。日常工作以服务设计、便于沟通、快捷高效为重点，重实战、轻技法；参与设计竞赛、制作作品集等时，为了图稿的整体美观，需要多一些艺术效果。
>
> 　　设计师在日常训练中要多思考，善于总结，熟练运用绘图方法，不断提高工作效率。

课后练习题

1. 搜集常用材质贴图素材，同时运用笔刷练习绘制不同材质的纹理。

2. 运用本章所学知识，尝试绘制一幅室内设计立面图。

第8章

透视建立与草图表现技法

学习目标

♦ 学会使用透视辅助功能。

♦ 借助透视辅助，构建透视线，建立空间结构。

♦ 结合贴图素材绘制出更加精细、逼真的空间设计效果。

8.1 起居室透视草图画法

难度	★★★☆☆
学习要点	1. 透视建立的基本方法。
	2. 平面图和立面图的拉伸拼贴。
	3. 透视空间的建立。
	4. 室内空间结构的画法。
所用笔刷	技术笔、尼科滚动11、沐风乔木27

技术笔

尼科滚动11

沐风乔木27

所用贴图素材

以起居室为例，准备好平面图和立面图素材，从出入口处开始绘制透视草图。

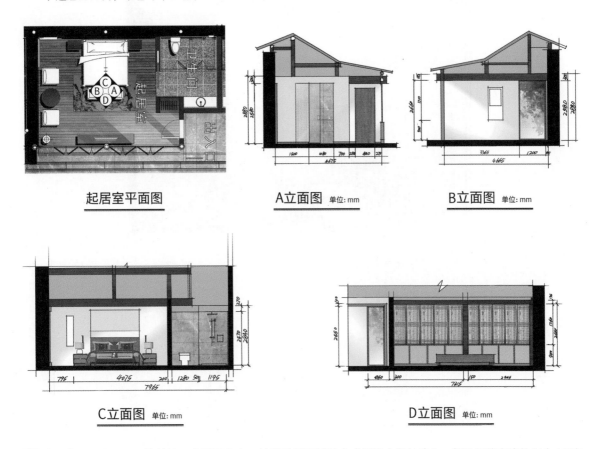

起居室平面图

A立面图 单位: mm

B立面图 单位: mm

C立面图 单位: mm

D立面图 单位: mm

01 裁切出入口立面图，将其放置在画面中心，并借助透视辅助完成透视空间的建立。将视平线高度控制在1/3高度，将透视点放置在画面中心，拉伸墙体框架线条。

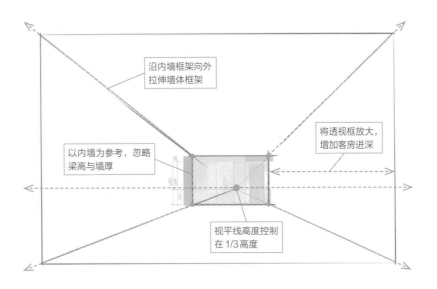

沿内墙框架向外拉伸墙体框架

将透视框放大，增加客房进深

以内墙为参考，忽略梁高与墙厚

视平线高度控制在1/3高度

02 裁切平面、立面部分，使用拉伸工具调整透视，再在对应的墙面上完成拼贴。

03 调节素材图层的不透明度，在新图层上借助透视辅助完成线框勾画。从出入口墙面开始绘制，确定卫生间的位置。

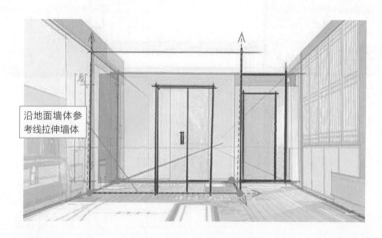

04 绘制家具体块。从地面往上，分图层、分颜色绘制家具体块，以便进行层次区分与后期修改。

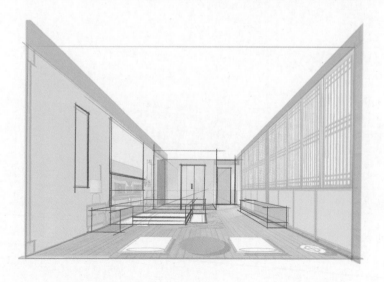

05 用直线绘制木横梁。

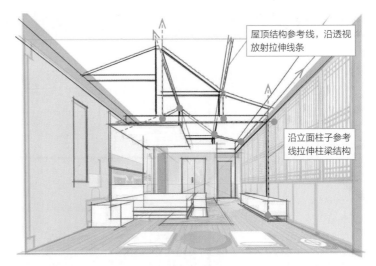

屋顶结构参考线，沿透视
放射拉伸线条

沿立面柱子参考
线拉伸柱梁结构

06 徒手勾画家具及其他软装元素，完成线
稿的绘制。

07 调整素材图层的不透明度，修改细节，
使用贴图素材表现窗外环境。透视草图
以交代画面构成及色调意向为主，家具
和软装等部分可以适当留白。

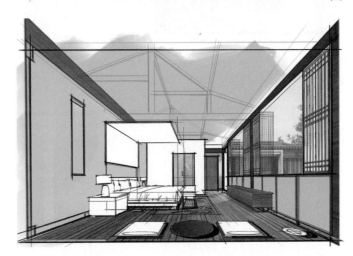

🔍 **提示**

　　手绘草图能够快速地把空间意向表达清楚，给设计师用电脑画图指明方向，帮助设计师提高工作效率。
草图不需要花费很长时间绘制细节，过度强调材质与光影会耗费大量时间，影响工作效率。

8.2 家装空间透视草图画法

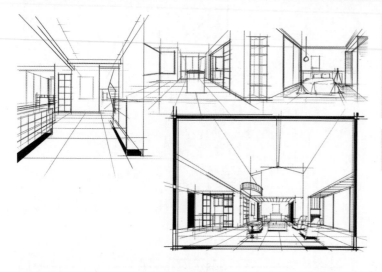

难度	★ ★ ★ ☆ ☆
学习要点	根据立面图建立透视草图的方法
所用笔刷	技术笔

技术笔

01 准备好立面图素材，放置在画面中心。

02 建立透视辅助。

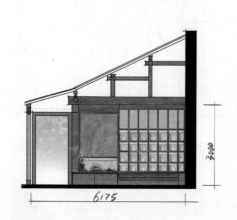

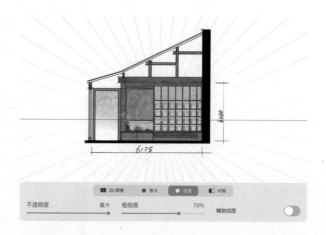

03 降低立面图图层的不透明度，绘制透视线。

04 从地面结构出发，绘制柜体等主要结构。

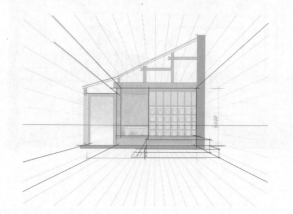

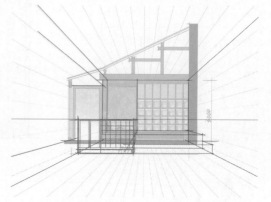

05 依次画出旁边的主要结构，注意用不同颜色区分。　　06 绘制其他立面结构。

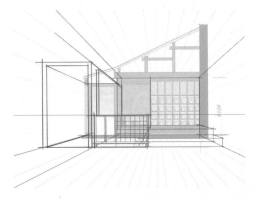 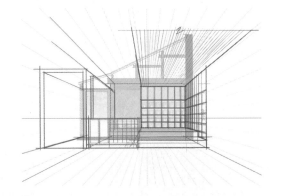

07 用草图记录空间结构即可，不用深入绘制，后期还需要根据草图进行电脑建模，推敲结构、比例等。

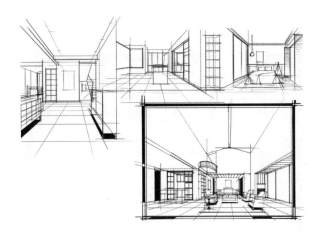

🔍 提示

　　手绘家装空间草图，目的是记录空间比例，与客户沟通想法，以便后期用电脑出图。

8.3　庭院透视草图画法

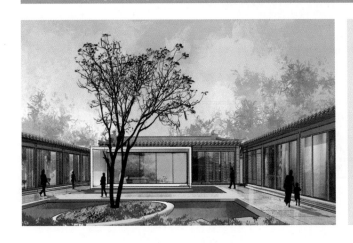

难度	★★★★☆
学习要点	1. 庭院透视建立方法。 2. 庭院环境绘制方法。
所用笔刷	技术笔、烧焦的树、尼科滚动、哈茨山、尼科滚动11、沐风乔木27、拼贴树74、草丛4

所用贴图素材

01 准备好平面图和立面图素材。

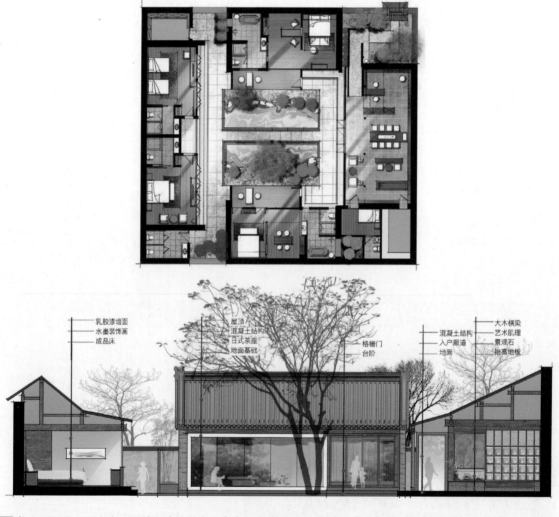

02 将立面图导入画布中。以首层建筑高度为参考，在约1/3的高度定消失点。降低立面图图层的不透明度，并新建图层，使用一点透视辅助功能绘制地面，确定庭院的大概范围。

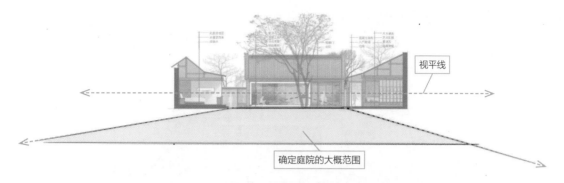

03 裁切庭院平面图素材，使用"扭曲"模式根据透视网格将其拉伸平铺至地面。

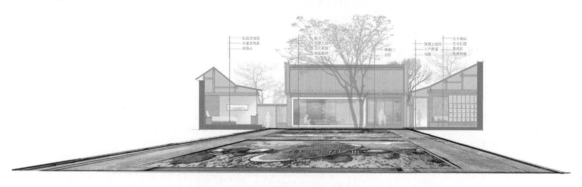

04 在新建的图层上建立一点透视，辅助勾画建筑立面的透视结构。

05 草图完成后，深入勾画结构细节。将线框内填充为白色，遮挡住背景，使画面更整洁。

06 裁切庭院立面图素材中的建筑屋顶后，将其拼贴进画面，完成建筑屋顶的绘制。然后将原素材图中的屋顶和背景树擦除。

07 使用"技术笔"笔刷绘制前景部分的植物和地面的环境。

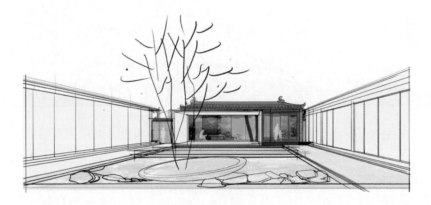

08 线稿完成后，分图层填充底色。

09 使用贴图填充地面，使用"烧焦的树"笔刷绘制种植池的草地。

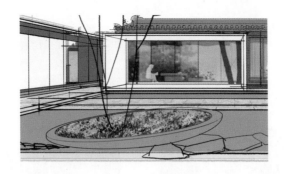

10 使用"尼科滚动"笔刷绘制种植池的底色，以及种植池的转折面。

11 使用"尼科滚动"笔刷绘制石块，涂抹出水池的暗面，增加水池的空间层次感。然后绘制出前景的草坪、池水，以及中景的荷花池。

12 新建图层并放置在所存图层下面，使用"哈茨山"笔刷完成天空的绘制。裁切画布，将画面调整至合适大小，突出画面重点，让构图更饱满。

13 使用贴图素材拼贴出室内环境氛围。

14 使用"尼科滚动11"笔刷绘制木结构的明暗关系。使用"技术笔"笔刷绘制木结构格栅与玻璃窗结构的体积感。

15 使用同样的方法绘制另一侧的室内。

16 隐藏荷花池及地面辅助线，然后表现墙体的明暗关系，强化建筑屋檐和柱梁的体积感。

17 绘制环境氛围。新建图层，使用"沐风乔木27"笔刷绘制背景树，使用"拼贴树74"笔刷绘制主景树。使用"尼科滚动"笔刷涂抹地面投影，强调地面的光影关系。使用"草丛4"笔刷绘制草地。调整天空的效果，使其颜色更饱和。

18 增加人物配景并绘制画面细节，裁切画布，完成庭院透视草图的绘制。

要点解析

使用冠幅饱满、树形美观的素材

以白色为主，突出环境对比

暗面选用冷色调的贴图

水面环境突出明暗变化

简单绘制背景，突出环境氛围即可，也可用贴图表现

屋檐瓦片可以用贴图表现，檐口下加深，突出立面光影体积感

庭院受光面选择暖色的玻璃贴图

为地面增加光影，丰富地砖层次

> 🔍 **提示**
>
> 　　手绘草图的目的在于记录前期构思方案，推敲空间层次，通过一种立体的空间效果向客户展示意向，同时便于进行方案沟通、局部修改。设计师日常要多练习手绘草图，多尝试不同的透视方法以培养手感，熟练以后就会提高工作效率。

8.4　手绘草图的应用

　　下面讲解手绘草图在建筑、景观等领域的运用。

8.4.1　手绘草图在建筑设计中的应用

　　手绘具有操作便捷性，可快速绘制平面图、立面图、轴测透视图等，以展示主要角度，为下一步设计提供参考。下图所示为民居自建房设计草图范例。

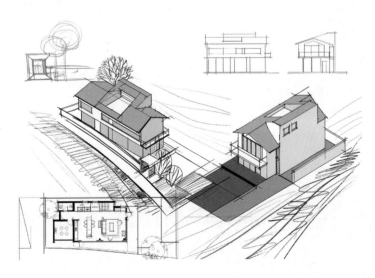

8.4.2　手绘草图在老宅改造设计中的应用

　　设计师需要观察现场，感受现场环境、当地气候及人文等的影响，对空间有直接的感触，从而激发创意灵感，通过简单的线条与色块，快速表达设计想法。

　　下图所示为老宅改造手绘草图范例。

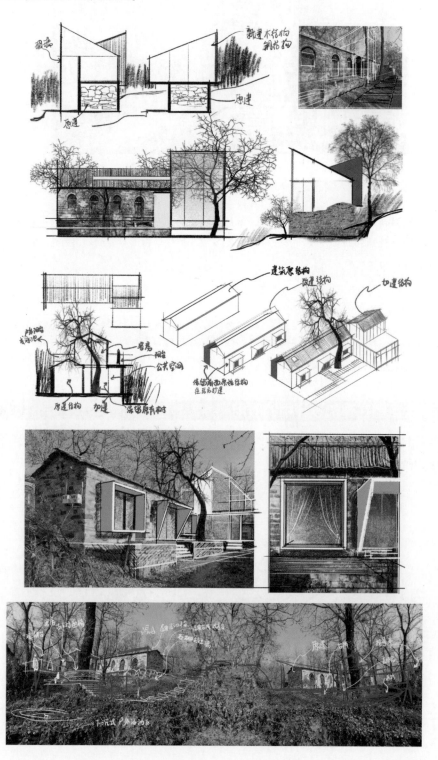

草图意向确定后，设计团队更容易理解设计用意，团队成员也更容易协作配合，这样工作效率就会大大提高。

下图所示为百年徽派老宅建筑设计范例。项目位于安徽省黄山市祁门县，由于是文保单位，需保留外观原貌，仅对内部空间进行改建，打造一个文创型空间。

结合当地茶叶文化与建筑功能需求，设计师利用手绘将建筑的概念设计表达出来，对设计意图与空间氛围进行展示。概念设计通过后，再利用电脑软件进行下一步设计。

8.4.3 老房改造博物馆设计草图

项目位于江西省上饶市婺源县清华镇，原址是婺源郭公山共产主义劳动大学。

下图所示为该建筑的历史照片与现状。

该建筑改造后的功能是历史陈列博物馆、研学空间。

1. 方案一

保护性加固建筑主体，原址改造成核心展馆，保护和修复原有建筑质感，内部改造为红色主题展馆。周边穿插新建筑，现代材料与建筑遗迹形成对比，体现新与旧的时代变化，新建筑内部为研学空间。

使用波浪形屋顶，将新旧建筑连成一体，室内为通透的公共空间，屋顶为景观空间，屋面设计成波浪形，让建筑与地面完整相连，增强趣味性。

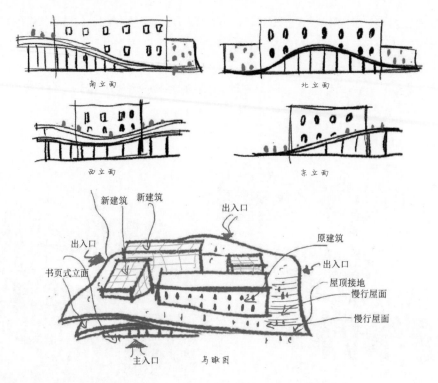

2. 方案二

坚持以保护为主，融合新的建筑手法与材料，主体改造成核心展馆，保护和修复原有建筑质感，内部改造为红色主题展馆。

新建书卷式建筑体块，与老建筑相连，内部为主题研学空间与青少年科学实验室。

室内与室外连通，保留原有树木，结合原有环境，打造户外研学空间。

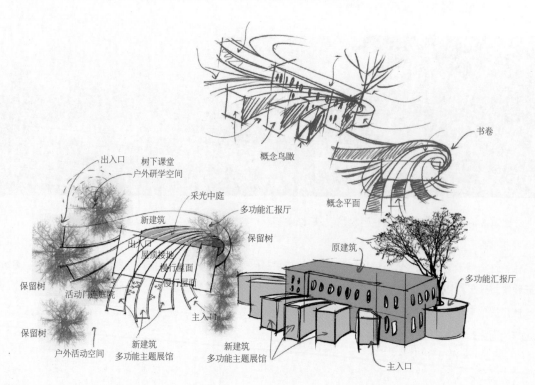

8.4.4　小镇会客厅设计草图

项目位于安徽省芜湖市南陵县弋江镇，其功能有旅游集散、农产品展示、研学、会议接待等。

结合徽文化与当地建筑特点进行功能划分与建筑形态推演，运用手绘草图展示空间形态。

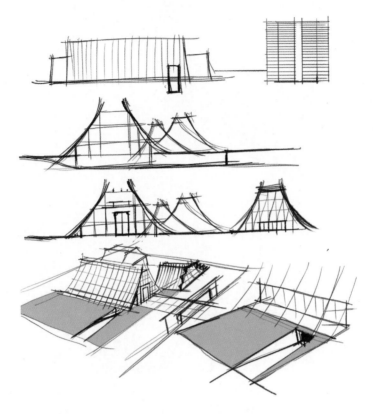

下图所示为项目主入口效果图。

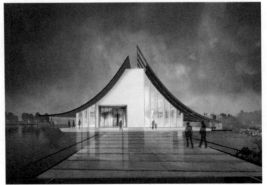

8.4.5　景观设计草图

项目开始时需要对空间进行大量的草图构思，可以在iPad上利用图层的叠加进行一轮轮的草图修改，实现无纸化办公。

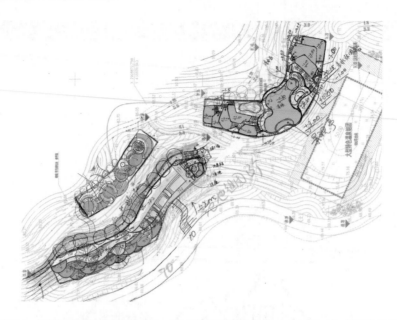

在绘制平面图时，可以绘制简单的透视体块，对空间进行概念表达；也可以对意向图进行提炼设计，在短时间内完成草图构思。

对单体进行构思时，可以进行多角度、多造型的展示，利用线条和色块表达设计想法。

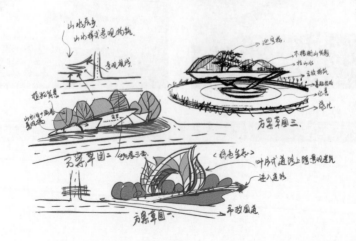

8.4.6　景观庭院手绘草图

设计住宅庭院时，可利用软件的透视辅助，实现不同透视角度的展示。

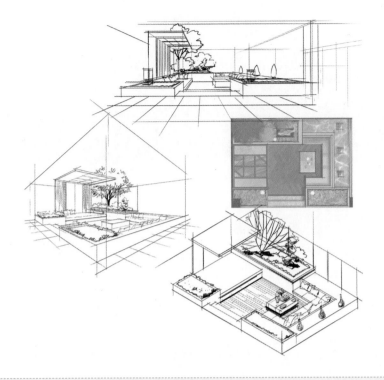

🔍提示

　　手绘草图只是工具，可帮助设计师提升设计素养，提高工作效率，方便团队协作。在日常工作中，设计师要坚持动手练习，勤于总结记录。

　　增强手绘能力是一个日积月累的过程，要想提高线条绘制的熟练程度就不能急于求成。

课后练习题

1. 运用本章所学知识，完成多角度室内草图的绘制。

2. 运用本章所学知识，尝试绘制建筑或景观草图。

第9章

不同类型效果图表现技法

学习目标

♦ 能够根据彩色平面图快速建立空间的透视框架。

♦ 学会使用贴图素材表达材质和营造空间氛围。

♦ 掌握不同类型室内空间的效果图绘制方法。

♦ 掌握效果图表现厚涂画法。

9.1 卧室效果图画法

难度	★★★☆☆
所用笔刷	千层树、锡格尼特、喷溅涂抹、尼科滚动11、平画笔、尼科滚动、沐风木纹14、三角星座、木地板

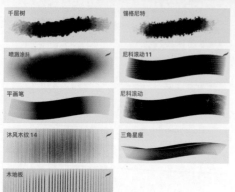

所用贴图素材

9.1.1　案例解析

临摹优秀作品是增强手绘能力的有效途径之一。通过临摹，我们可以熟悉画面处理方法，掌握手绘技巧。刚开始临摹优秀作品时，需要从构图、色彩、技法等上对原作品进行分析解读。

临摹并不是靠量的积累来达到熟练掌握技法的目的，而是需要一边思考，一边总结，在临摹的过程中掌握方法。

下面以卧室平面图为例，分析绘制思路。

本案例为新中式风格卧室效果图，整体较为简约，没有过多刻画细节，也没有过多强调细腻的材质与光影的变化，而是以表达结构为主营造画面氛围，降低了绘制难度，能为初学者造型能力的提升与对光影关系的把握提供帮助。

下图所示为本案例一点透视卧室手绘效果图。

9.1.2　绘制线稿

01 建立透视框架。导入平面图，建立一点透视辅助，从建筑内框出发，确定宽高比例。宽高比例是影响画面空间关系的决定因素，因此第一步就要确定。从卧室平面图墙角线出发，以卧室宽度为参考向上画线条，定出卧室空间的高度，从而确定室内墙体的宽、高。

02 在墙高度约1/3处定出视平线，灭点可以左移一些，为右侧床头背景预留一定的空间。从灭点开始，沿墙体框架向四周放射绘制墙体透视线。透视框架建立后，将平面图拉伸至合理程度。

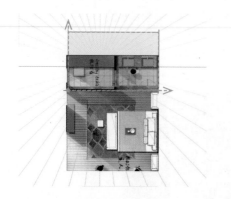

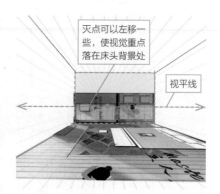

灭点可以左移一些，使视觉重点落在床头背景处

视平线

03 以平面图结构定位为基础，从下而上画出卫生间整体结构。

04 绘制卧室和吊顶的主要结构线。

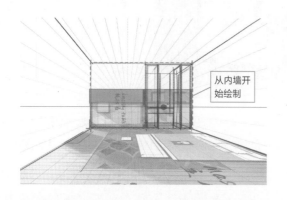

从内墙开始绘制

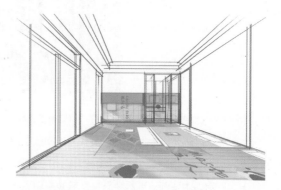

05 绘制主要家具的线条，直线可以借助透视辅助绘制，折线可以徒手绘制。

06 将线稿图层调成黑白模式，显示出隐藏的平面图，完成线稿的绘制。

🔍 提示

　　本方法适用于绘制家装空间。设计师要理解绘图的方法，掌握正确的画法，以便在画图时灵活应用。

9.1.3　上色过程

01 将线稿图层设置为"参考"模式，分图层、分区域、分材质为画面主要区域填充底色。

02 从床头背景开始涂抹，使用"千层树"笔刷和"锡格尼特"笔刷绘制床头背景纹理。

将色块图层设置为"阿尔法锁定"模式后，使用笔刷涂抹纹理

03 床头靠背使用"喷溅涂抹"笔刷绘制，注意软包的结构转折与细节纹路。抱枕参考前面所讲的抱枕画法进行绘制。

04 床单与被子等的绘制使用"尼科滚动11"笔刷绘制，注意被子的厚度与明暗转折。

绘制高光，表现床头软包的体积感

05 使用"平画笔"笔刷，借助一点透视辅助完成床头柜的绘制，注意结构转折的明暗变化。

06 绘制床头柜上的装饰品，可以导入贴图素材，也可以使用"尼科滚动"笔刷绘制。

使用"平画笔"笔刷表现光滑的漆面质感，边缘转折用高光线条体现材质的硬度

07 使用"平画笔"笔刷绘制床头灯，可以先绘制一个床头灯后复制放在另一侧。

08 使用"平画笔"笔刷绘制卫生间的墙面、镜子、洗漱台等。此处应虚化处理，不要绘制过多细节，以免喧宾夺主。然后使用"平画笔"笔刷绘制床尾凳。

09 使用"平画笔"笔刷绘制卫生间移门边框，区分前后空间关系。使用"喷溅涂抹"笔刷，以淡蓝色画出玻璃门。

10 使用"沐风木纹14"笔刷绘制电视柜。新建图层，使用"锡格尼特"或"千层树"笔刷绘制装饰画。

11 使用"平画笔"笔刷绘制电视柜细节和电视机。

12 新建图层，设置图层混合模式为"正片叠底"，使用"喷溅涂抹"笔刷绘制投影。新建图层，设置图层混合模式为"添加"，使用"喷溅涂抹"笔刷绘制光线，注意太阳光与床头灯光的区别。窗外使用贴图素材，可以通过调整"高斯模糊"参数来改变窗外景物的虚化效果。将地毯贴图拼贴到地面上，遮盖原来平面图上的内容。擦除画面中多余的线稿，使画面干净、整洁。

13 使用"三角星座"笔刷绘制窗帘,完成其他细节的绘制。完善整体氛围,完成卧室效果图的绘制。

要点解析

受自然光线影响,
亮度自然减弱

亮

虚

虚

虚

暗

主要绘制床头背景,其他
墙面弱化处理

视觉中心绘制重点

9.2　书房效果图画法

难度	★★★☆☆
所用笔刷	沐风木纹14、尼科滚动11、平画笔、木地板、哈茨山、粗麻布、尼科滚动、千层树、三角星座、水星、锡格尼特

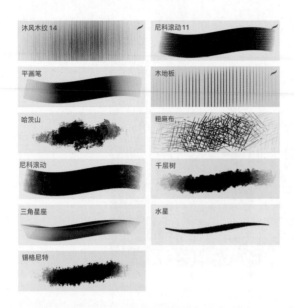

所用贴图素材

9.2.1 绘制线稿

01 从内墙位置出发，借助一点透视辅助，建立透视框架。

02 使用"扭曲"模式拉伸平面图至合适位置。

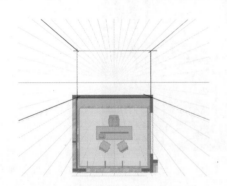

03 从内墙出发，绘制书柜的主要结构。

04 绘制主要家具的结构，完成线稿的绘制。背景书柜与家具线稿要分图层绘制，以便后期上色。对画面进行裁切，
保留主体部分。

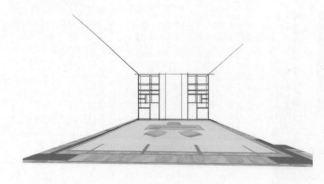

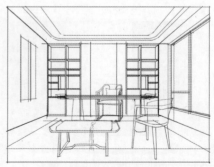

🔍 **提示**

　　线稿完成后，将线稿调成黑色。因为绘制线条时所使用的颜色不是纯黑色，所以需要在最终的线稿图层上进行调整。

9.2.2 上色过程

01 隐藏家具线稿，分图层、分区域、分材质、分颜色对整体画面进行底色填充。填充完成后，将图层设置为"阿尔法锁定"模式。

02 显示出主要家具线稿，进行家具底色的填充。将家具与背景墙面分图层填充，填充完成后隐藏家具图层，以便绘制书柜。

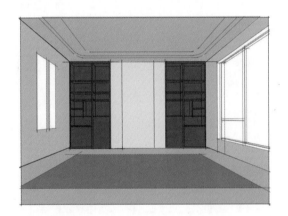 

03 绘制书柜。使用"沐风木纹14"笔刷绘制书柜的基本纹理，使用"尼科滚动11"笔刷涂抹出书柜的明暗变化。

04 使用"平画笔"笔刷绘制书柜的结构线。

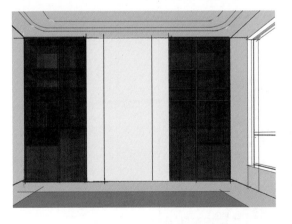 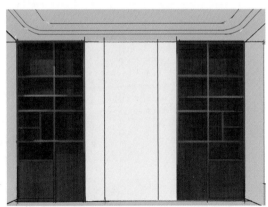

05 使用"平画笔"笔刷绘制书柜中的书本和装饰品。

06 将书本比例缩小，增加书本纹理装饰。新建图层，使用"木地板"笔刷绘制背景墙纹理。使用地板贴图绘制地面。新建图层并建立矩形，使用"哈茨山""粗麻布"笔刷绘制地毯纹理。

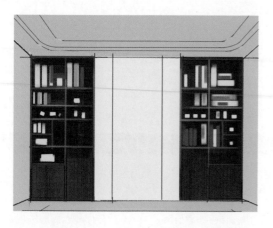 

07 使用"扭曲"模式，对矩形进行拉伸，将其调整到合适位置。

08 参考前面章节讲解的方法绘制桌椅及装饰品。使用"尼科滚动"笔刷绘制布面，使用"平画笔"笔刷绘制椅背和椅腿，注意结构转折和明暗变化。使用装饰画贴图素材绘制墙上装饰画。

09 绘制背景墙面纹理。使用"千层树"笔刷绘制背景墙面纹理。其他墙面使用"尼科滚动"笔刷完成涂抹。

10 使用贴图素材或者徒手绘制桌面装饰品。使用"三角星座"笔刷绘制窗帘，注意窗帘的深浅区别。使用"水星"笔刷绘制植物叶片，注意植物叶片的深浅变化。使用"尼科滚动"笔刷绘制花盆。窗外景色可以使用贴图素材并使用"高斯模糊"工具对其进行模糊处理。

11 绘制投影与光线，调整画面整体氛围，完成书房效果图的绘制。

> 🔍 **提示**
>
> 在效果图绘制过程中，要注意区分画面主次，体现虚实变化，不需要面面俱到，要善于思考总结，随着技法的积累，可能会找到更为简便的画法。

要点解析

吊顶用简洁大色块处理，绘制技法与家具、书柜形成对比

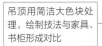

整体关系通过黑白灰对比来组织画面构图

细节上黑白灰对比鲜明，层次丰富

书柜内容以装饰作用为主，书本、装饰品颜色搭配以黑白灰为主，颜色和谐统一

画面以自然光为主，光线柔和、自然

9.3　主题餐厅过道效果图画法

本案例画法适用于表现特色主题空间、展馆、艺术馆等，也适用于描绘概念图，色调厚重，色彩对比强烈，用色大胆，主题鲜明，表现手法简洁、干练，没有过多地强调光影变化与材质细节，并且大胆留白，设计师可以大胆尝试。

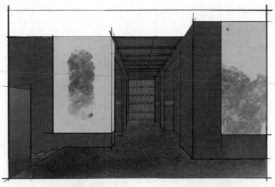

难度	★ ★ ★ ☆ ☆
所用笔刷	混凝土块、千层树、鸣喜鹊、尼科滚动、锡格尼特

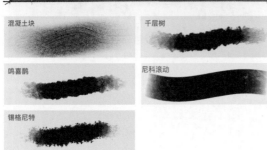

平面图参考

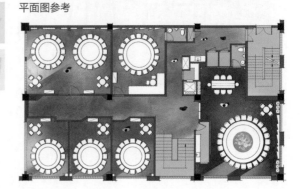

01 建立透视角度。选择包厢过道透视角度，开始绘制透视图。

02 借助一点透视辅助，完成一点透视框架的建立。

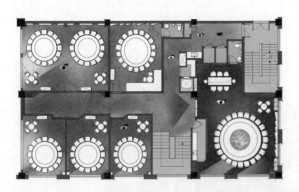

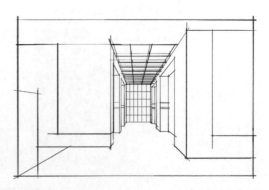

03 分图层、分区域、分材质、分色块对各部分的结构进行底色填充。

04 使用"混凝土块"笔刷绘制地面，使用"千层树"笔刷绘制墙面。

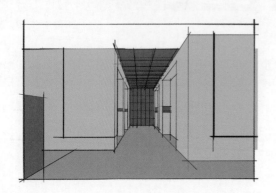

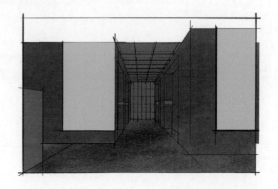

05 使用"千层树"笔刷绘制装饰画底纹,使用"鸣喜鹊"笔刷绘制装饰画水墨纹理。

06 使用"尼科滚动"笔刷绘制红色区域及走廊尽头的墙面装饰,表现主要颜色的深浅变化及结构的穿插关系。降低红色的鲜艳程度,增强质感,完成绘制。

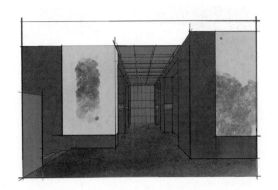 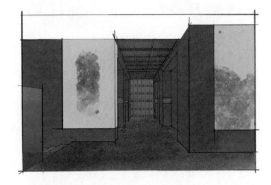

要点解析

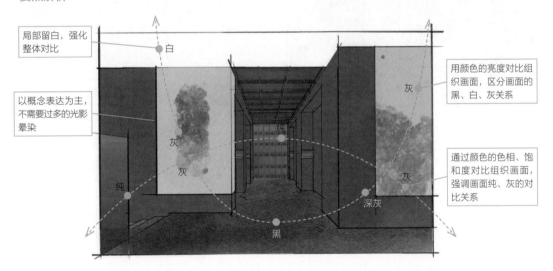

局部留白,强化整体对比

白

以概念表达为主,不需要过多的光影晕染

灰

纯

纯

灰

用颜色的亮度对比组织画面,区分画面的黑、白、灰关系

灰

深灰

黑

通过颜色的色相、饱和度对比组织画面,强调画面纯、灰的对比关系

9.4 主题餐厅楼梯间过道效果图画法

难度	★ ★ ★ ☆ ☆
所用笔刷	千层树、喷溅涂抹、尼科滚动、混凝土块、平画笔、沐风射灯3

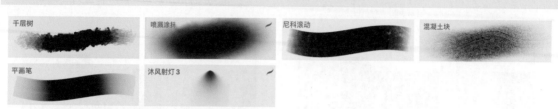

01 建立透视角度。选择楼梯间过道透视角度，开始绘制透视图。

02 借助一点透视辅助，完成一点透视框架的建立。

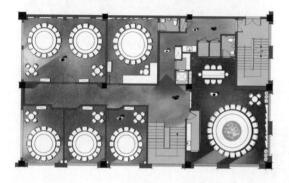
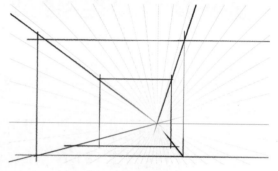

03 框架建立后，绘制透视草图。

04 新建图层，再次绘制精细的线稿。

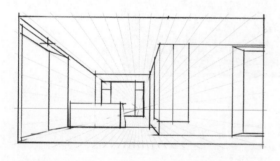
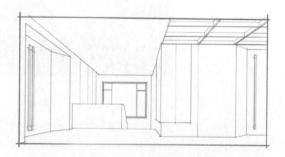

05 线稿绘制完成后，将蓝色线条调整为黑色，然后分图层、分区域、分材质、分色块填充各部分的底色。

06 使用"千层树"笔刷绘制红棕色墙面，增加细节。

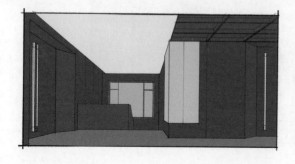
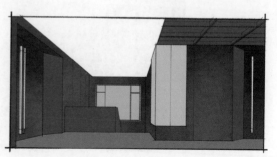

07 使用"喷溅涂抹"笔刷绘制红色区域，注意层次变化。使用"尼科滚动"笔刷细化天花板。

08 使用"混凝土块"笔刷绘制地面。

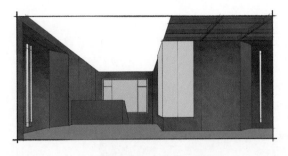
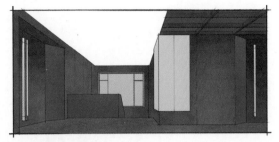

09 选择一个装饰画素材复制并拼贴进画面中。

10 使用"喷溅涂抹"笔刷绘制白色吊顶，注意环境色的变化。

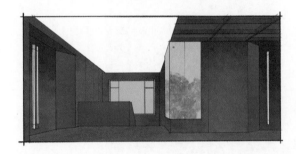
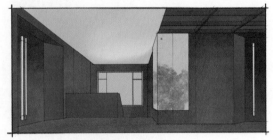

11 使用室外贴图素材完成窗外景物的拼贴，并使用"平画笔"笔刷涂抹环境颜色。

12 新建图层，设置图层混合模式为"添加"，使用"喷溅涂抹"笔刷绘制灯带，使用"沐风射灯3"笔刷绘制灯光。然后使用"平画笔"笔刷绘制大门拉手。

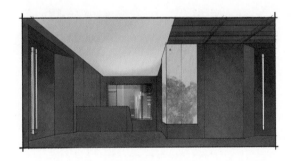

要点解析

🔍 提示

绘制光影氛围时，要注意光线的色彩和亮度。具体可以通过调整图层混合模式和图层的不透明度来调节光线亮度。

9.5 主题餐厅过道转角效果图画法

难度	★ ★ ★ ☆ ☆
所用笔刷	千层树、尼科滚动、混凝土块、喷溅涂抹

01 建立透视角度。选择包厢过道透视角度，开始绘制透视图。

02 借助透视辅助，完成透视框架的建立。

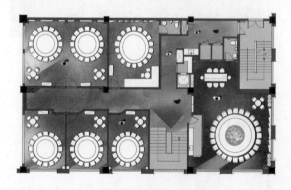

03 绘制室内主要结构框架，调整空间关系。

04 绘制室内主要结构的细节。

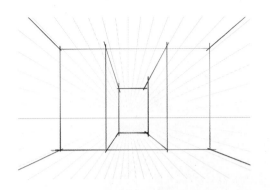 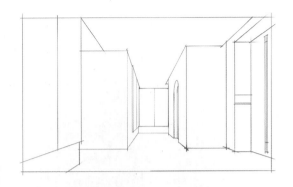

05 将线稿设置为"黑白"模式，分图层、分区域、分材质、分色块为其填充底色。使用"千层树"笔刷绘制墙面，使用"尼科滚动"笔刷绘制红色区域。

06 使用"混凝土块"笔刷绘制地面。

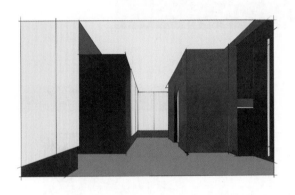 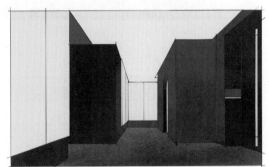

07 使用"尼科滚动"笔刷绘制吊顶，注意颜色的过渡变化。

08 选择一个合适的装饰画拼贴墙面。

09 绘制光影氛围。新建图层，设置图层混合模式为"添加"，使用"喷溅涂抹"笔刷绘制灯带。调整画面整体的明暗对比，完成主题餐厅过道转角效果图的绘制。

 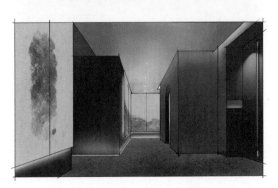

要点解析

9.6　养生会所接待大厅效果图画法

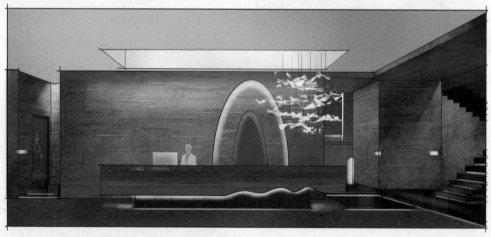

难度	★★★★☆
所用笔刷	生锈腐烂、黑猩猩粉笔、混凝土块、喷溅涂抹、尼科滚动、流行

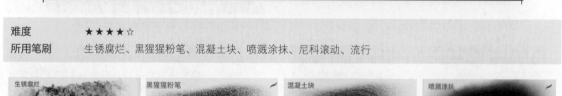

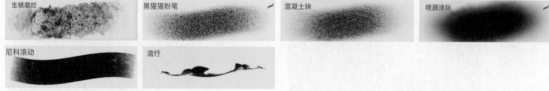

01 用简练的笔法，以概括的方式绘制草图，确定整个空间的基本概况。

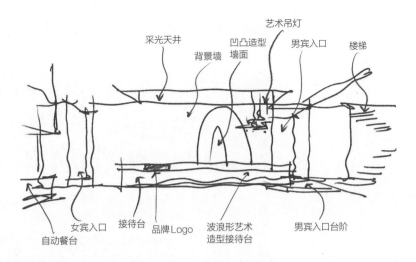

采光天井
背景墙
凹凸造型墙面
艺术吊灯
男宾入口
楼梯

自动餐台
女宾入口
接待台
品牌Logo
波浪形艺术造型接待台
男宾入口台阶

02 降低草图图层的不透明度，建立一点透视辅助。

03 在草图的基础上绘制线稿，借助一点透视辅助，画出空间主要结构，确定画面比例。

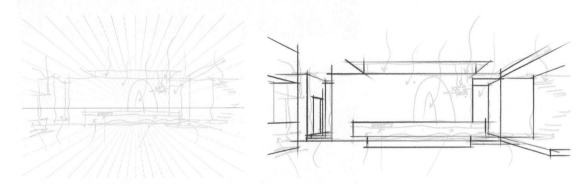

04 新建图层，绘制精细线稿。

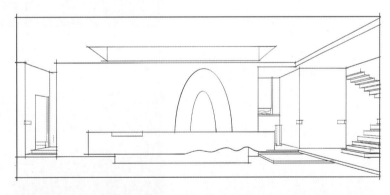

05 分图层、分区域、分材质填充底色。

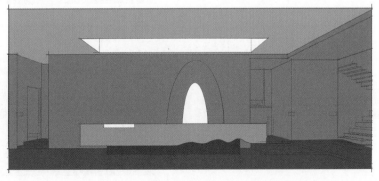

06 使用"生锈腐烂"笔刷和"黑猩猩
粉笔"笔刷绘制墙面。这里也可以使
用其他颗粒类笔刷绘制出不同材质
的纹理效果。

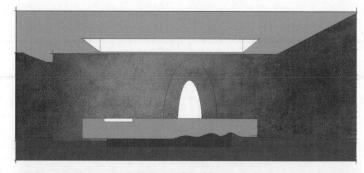

07 使用"混凝土块"笔刷绘制地面。

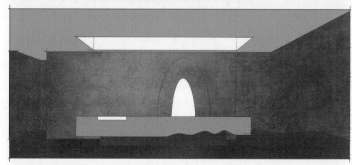

08 使用贴图素材完成接待台的纹理拼贴。

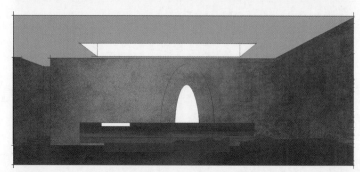

09 使用"喷溅涂抹"笔刷绘制吊顶,涂
抹吊顶时注意要有环境色的变化。

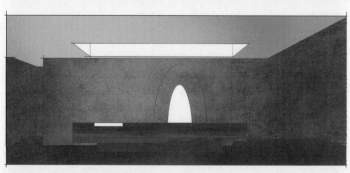

10 使用"尼科滚动"笔刷绘制背景墙面
的明暗变化。新建图层,为左右侧的
楼梯和台阶填充底色。

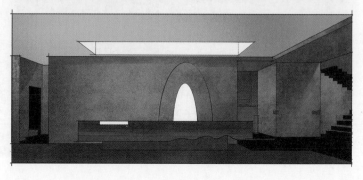

11 绘制接待台的灯光效果。

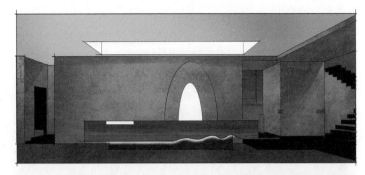

12 绘制背景墙，注意红色的明度与饱和度的过渡变化。

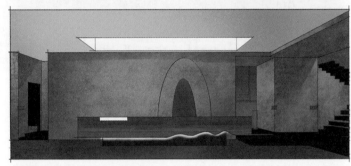

13 新建图层，设置图层混合模式为"添加"，使用"喷溅涂抹"笔刷绘制灯光范围和灯带，增强灯光效果，丰富室内空间的光线变化。

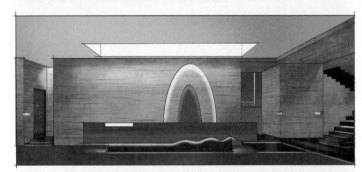

14 使用"流行"笔刷绘制艺术吊灯。在接待台合适位置添加人物和电脑显示器。

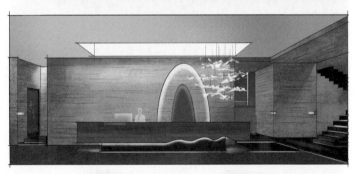

15 调整整体明暗变化，完成养生会所接待大厅效果图的绘制。

要点解析

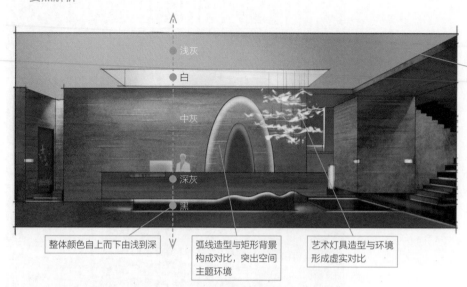

9.7 餐厅效果图厚涂画法

前面效果图案例的讲解以基础入门画法为主，适合初学者练习。本节以厚涂画法为主，绘画难度增大，技法也更加综合，适合绘制色调统一及夜景氛围的效果图。

难度	★★★★★
所用笔刷	尼科滚动11、尼科滚动、平画笔、喷溅涂抹、细尖、沐风射灯3

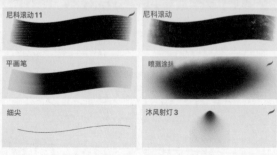

所用贴图素材

01 新建画布并建立一点透视框架，完成黑白线稿的绘制。

02 使用"尼科滚动11"笔刷涂抹背景色，根据材质内容涂抹底色，色彩要协调统一，不要过于夸张。

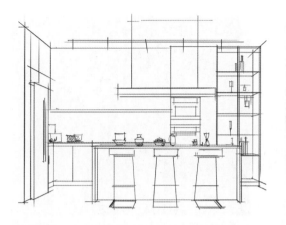 

03 新建图层，绘制厨房柜门的底色，并设置图层为"阿尔法锁定"模式。使用"尼科滚动11"笔刷涂抹柜门、吧台、酒柜等的轮廓边缘。

04 使用"尼科滚动11"笔刷涂抹柜门纹理。

05 新建图层，为灶台背景墙面填充底色，并设置图层为"阿尔法锁定"模式。

06 使用大理石纹理贴图素材，拼贴墙面。

 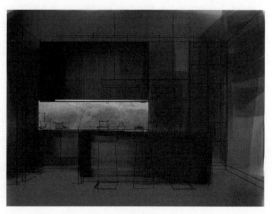

07 使用"尼科滚动"笔刷涂抹墙面纹理。

08 使用"平画笔"笔刷涂抹酒柜的边框。

09 使用"平画笔"笔刷涂抹厨房电器，使用"尼科滚动"笔刷涂抹灶台与吧台细节。

10 新建图层，使用"尼科滚动11""平画笔"笔刷绘制吧台椅。

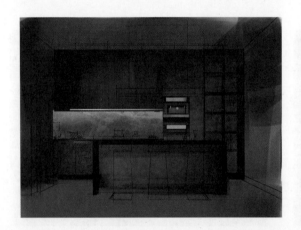 

11 使用"平画笔"笔刷绘制酒柜细节和陈设物品。酒杯和酒瓶等可以绘制一个后，再进行复制。

12 使用"喷溅涂抹"笔刷涂抹酒柜灯光，将图层混合模式设置为"添加"。

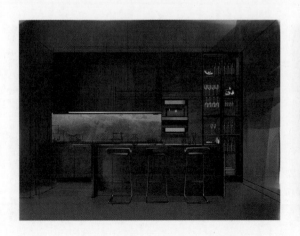 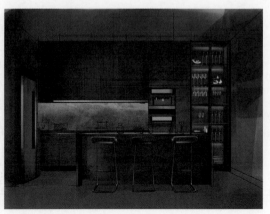

13 使用"平画笔"笔刷绘制灯具与光线，并对冰箱进行概括涂抹。

14 绘制画面中的装饰品，注意对主要材质的表现。

15 使用"细尖"笔刷绘制木地板纹理。然后使用"细尖"笔刷绘制玻璃柜门的边框，强调玻璃柜门的质感。

16 使用"喷溅涂抹"笔刷绘制灯带与地面受光部分，使用"沐风射灯3"笔刷绘制墙面光线。装饰品可以用贴图素材拼贴绘制，也可以用笔刷绘制。调整画面整体氛围，完成餐厅效果图的绘制。

要点解析

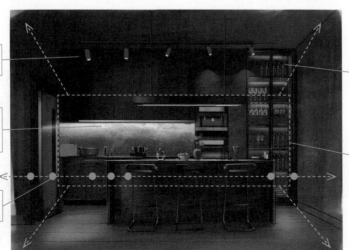

细节虚化处理，背景与结构融为一体

减弱黑白对比，不要过度绘制

强化主光源，弱化其他光源，突出画面中心

中心为画面重点，光源集中形成视觉中心，周围虚化处理

颜色接近时，靠物体边缘的明暗区分形体

9.8　书房效果图厚涂画法

面对材质与细节较为复杂的室内空间时，设计师需要运用厚涂画法来深入绘制，同时运用贴图素材与图层结合使用的方法。

难度	★★★★★
所用笔刷	尼科滚动11、喷溅涂抹、平画笔、尼科滚动、Gesinski油墨

所用贴图素材

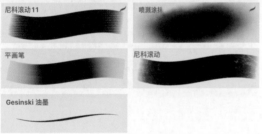

01 新建画布并建立一点透视框架，完成黑白线稿的绘制。

02 为背景图层填色，并擦除玻璃透光范围，区分画面的黑白对比。

03 分图层、分区域、分材质填充底色。为了便于后期绘制，对图层进行重命名。

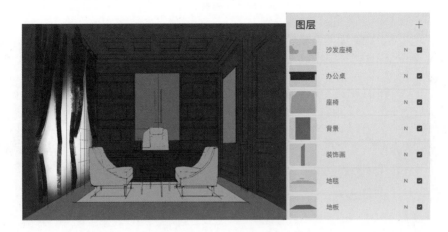

04 使用木纹贴图素材，拼贴地板、书柜、墙面等区域。拼贴完成后，根据明暗变化和色彩饱和度对木纹贴图素材进行调整。

05 开始绘制书柜。使用"尼科滚动11"笔刷涂抹书柜底色，并将图层混合模式设置为"正片叠底"。

06 新建图层，使用"喷溅涂抹"笔刷涂抹书柜背景，并将图层混合模式设置为"添加"。

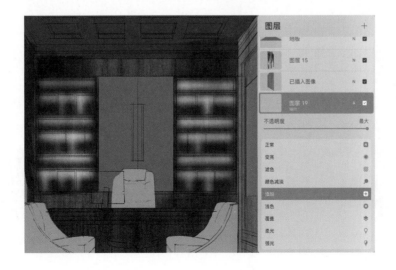

07 新建图层，使用"平画笔"笔刷，借助一点透视辅助，对书柜隔板进行绘制，设置图层混合模式为"正片叠底"。

08 新建图层，使用"平画笔"笔刷涂抹书柜中的书本与装饰品。

09 使用木纹贴图素材拼贴书柜柜门，拼贴完成后调整木纹贴图的饱和度和亮度。使用"尼科滚动11"笔刷绘制办公椅，涂抹办公椅的明暗面。

10 使用"喷溅涂抹"笔刷绘制办公椅的细节，使用"尼科滚动11"笔刷绘制显示器。

11 使用"平画笔"笔刷绘制办公桌的明暗面，注意根据结构转折与明暗变化进行涂抹。

12 为沙发色块图层设置"阿尔法锁定"模式。使用"尼科滚动"笔刷涂抹沙发底色。

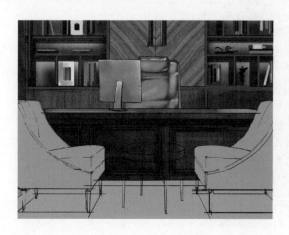 

13 使用"尼科滚动"笔刷涂抹沙发环境色。

14 涂抹沙发受光面，区分沙发的素描关系。

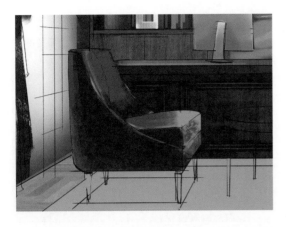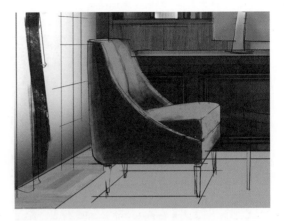

15 对沙发转折处的细节进行绘制。绘制沙发腿，完成后复制拖曳至另一侧。

16 填充茶几底色，并设置图层为"阿尔法锁定"模式。

17 使用"平画笔"笔刷涂抹茶几的受光面与环境色。

18 使用贴图素材对地毯区域进行拼贴，使用"尼科滚动"笔刷涂抹家具投影，并将投影图层的图层混合模式设置为"正片叠底"。

19 新建图层，使用"尼科滚动11"笔刷涂抹背景墙面的纹理，设置图层混合模式为"正片叠底"。

20 墙面装饰画使用贴图素材完成拼贴，并调整贴图素材的明度和饱和度。使用"Gesinski油墨"笔刷绘制墙面
结构线和受光面，增强纹理的体积感。使用"尼科滚动"笔刷绘制窗帘。

21 绘制桌面装饰品，不同材质的装饰品可以使用不同笔刷来绘制。

22 新建图层，打开"对称"辅助模式。使用"Gesinski油墨"笔刷绘制装饰花纹。用颜色的深浅变化表现花纹的
立体感。

 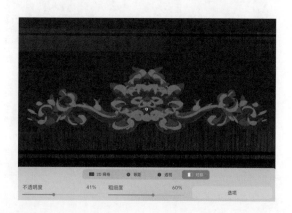

23 使用"Gesinski油墨"笔刷绘制其他边角的装饰花纹，绘制出大概样式即可，不需要精细刻画。新建图层，
打开"对称"辅助模式，使用"Gesinski油墨"笔刷绘制灯具。使用"喷溅涂抹"笔刷绘制光影氛围，丰富
画面整体氛围，完成书房效果图的绘制。

要点解析

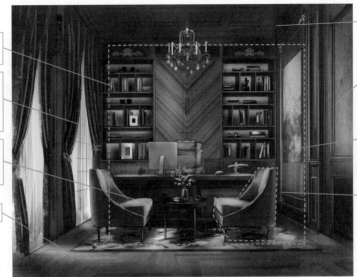

书柜以装饰作用为主，不用精细刻画

窗帘与窗户黑白间隔绘制，增强画面黑白灰关系，为室内增加光线来源

光线集中在画面下方，将视觉中心下移，增强画面中心氛围

地面光线与投影关系

顶部虚化处理

墙面在贴图上进行明暗处理，色调和谐统一

画面重点集中在书桌、家具与背景，四周需弱化处理

当单体与环境色高度接近时，通过边缘的黑白对比区分轮廓

　　本章所讲解的画法与案例是室内设计中的极小一部分内容，希望读者能够总结其中的规律，通过作业训练来熟练掌握手绘技法，并将其运用到自己的设计中。

课后练习题

　　1. 运用本章所学知识，临摹本章节的效果图。

　　2. 运用本章所学知识，进行室内设计效果图的拓展训练。

第10章

鸟瞰图与轴测图表现技法

学习目标

◆ 了解室内设计鸟瞰图与轴测图的透视原理。

◆ 能够根据彩色平面图绘制鸟瞰图与轴测图。

10.1 鸟瞰图与轴测图的常见透视种类

室内设计鸟瞰图与轴测图是对室内设计整体关系的全面展示，用于说明整体空间关系、路线组织、主要立面材质等。本节主要讲解室内设计中鸟瞰图与轴测图的常见透视种类及绘制步骤。

轴测图是设计师入门的必修课。借助Procreate的"等大"辅助功能，设计师可以轻松绘制出轴测图。

下面分别是平面图、一点透视鸟瞰图、两点透视鸟瞰图与轴测图。

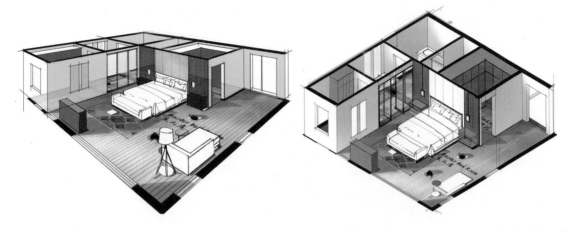

鸟瞰图常用一点透视和两点透视来绘制。一点透视是对全局的俯视，两点透视可以根据透视角度对全局或者局部进行重点展示。

轴测图不同于鸟瞰图，它没有透视关系，线条基本都是平行与垂直的，初学者更容易掌握。轴测图的主要结构与比例比较好控制，且目前较为常见。

10.2　一点透视鸟瞰图画法

本节主要讲解室内设计一点透视鸟瞰图的画法。大家可以通过对本节内容的学习，熟悉一点透视鸟瞰图的基本规律与画法。

难度	★ ★ ★ ★ ☆
所用笔刷	技术笔

技术笔

01 新建画布，导入素材，建立一点透视框架。注意透视点的选择，它会影响视线的角度。

通过移动灭点位置改变观察视角

02 降低平面图图层的不透明度，新建图层，借助一点透视辅助，完成基本线框的绘制。

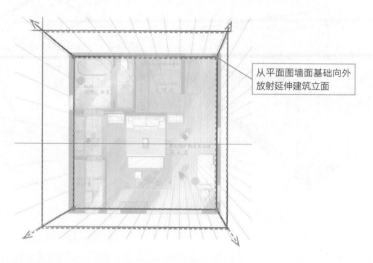

从平面图墙面基础向外
放射延伸建筑立面

03 从平面图中的建筑墙体结构出发，绘制主要的建筑框架。

04 继续绘制，完成主要墙体、浴室、门、衣柜等的绘制。

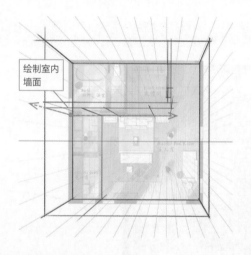

绘制室内
墙面

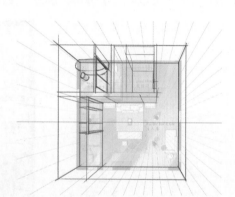

05 绘制室内主要家具和门窗等。

06 将线稿调整成黑色。

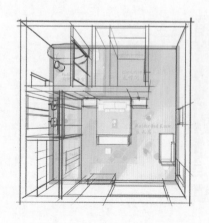

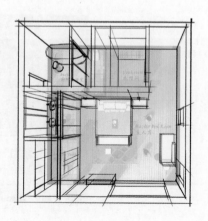

07 恢复平面图图层的不透明度。新建图层，为主要墙体填充底色，以区分墙面与地面。

08 绘制软装，填充底色，以区分主要家具与墙体。

09 填充墙面颜色，注意墙面的转折，完成一点透视鸟瞰图的绘制。

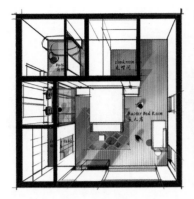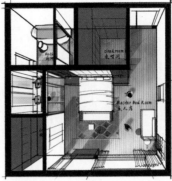

10.3　两点透视鸟瞰图画法

本节主要讲解两点透视鸟瞰图的画法。两点透视比较难把握和控制，由于透视角度的复杂性及拉伸性，鸟瞰图的结构比例和尺度都发生了变化，对于基础较为薄弱的读者来说，绘制难度较大。通过对本节内容的学习，大家可以掌握两点透视鸟瞰图的规律与画法。

绘制两点透视鸟瞰图前，要学会正确选择两点透视的角度，不同的透视角度会产生完全不同的视觉效果。

右图所示为在不同视线位置、不同透视角度下的空间变化效果图。

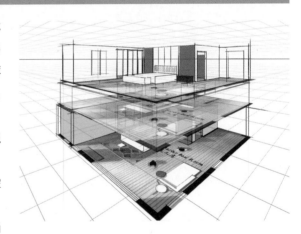

（1）视线位置太低会形成与人视线角度齐平的角度，而形成不了鸟瞰角度。

（2）视线位置中等会造成墙体大面积被遮挡，无法展示室内布局。

（3）合适的角度才能够充分展示室内空间的整体布局，达到说明设计的目的。

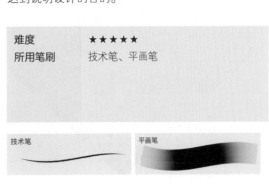

难度	★★★★★
所用笔刷	技术笔、平画笔

技术笔

平画笔

01 新建画布，选择两点透视角度，导入素材并放至合适位置。降低平面图图层的不透明度。

02 从平面图建筑墙体出发，顺着墙体线往上绘制主要墙体等结构。为避免视线被遮挡，最前面的墙体可以不画。

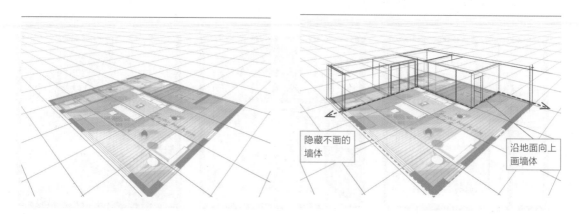

隐藏不画的墙体

沿地面向上画墙体

03 绘制主要家具的体块。

04 将线稿调整为黑色，给墙面和家具填充底色。恢复平面图图层的不透明度。

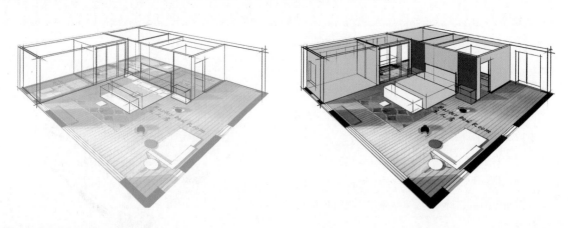

05 绘制其他家具细节。

06 降低墙体图层的不透明度，显示出墙体后面的空间关系。绘制出电视柜、床、床头背景和装饰画等。为家具等填充底色，注意区分墙、地、家具之间的关系。

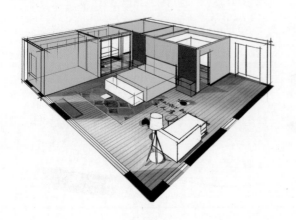

07 新建图层，使用"平画笔"笔刷涂抹玻璃的底色，注意区分前后关系，调整细节，完成两点透视鸟瞰图的绘制。

🔍 **提示**

绘制两点透视鸟瞰图时，可以在短时间内完成草图的绘制，将平面的内容立起来，以展示全局效果。这是对方案全面有力的说明，也能为后面进行方案的深入修改提供参考。

鸟瞰图主要用于表现空间结构意向，说明空间流线及主要家具的比例与位置，不需要过度强调细节。因为徒手画图时，比例是通过目测来判断的，不够精准，所以手绘可以训练空间透视能力及表现设计的综合能力。

右图所示为两点透视鸟瞰图的其他表现范例。

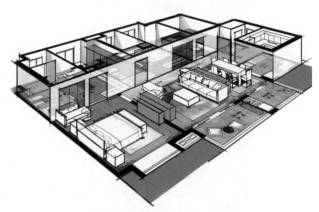

10.4　轴测图的原理及画法

轴测图是一种平行投影，可以以真实的尺度表现物体的长、宽、高 3 个方向的投影。轴测图是可以测量的表现图，有比例与尺寸。轴测图没有消失点，不符合近大远小的透视规律。从某种意义上说，轴测图是不符合人的视觉习惯的。

轴测图分为正轴测图和斜轴测图两大类。建筑设计中常见的正轴测图包括正等轴测图、正二轴测图和正三轴测图；斜轴测图包括正面斜轴测图、水平斜轴测图。

从下图中可以看出不同轴测图的分类对比。

正轴测图			斜轴测图	
正等轴测图	正二轴测图	正三轴测图	正面斜轴测图	水平斜轴测图
3 个面变形程度一致，作图方便	两个面变形程度一致，第 3 个不同	3 个面不均等的变形	正立面反映实形	顶面反映实形

下面主要讲解室内设计轴测图的画法。大家可以将本节所讲方法运用到自己的方案表达中，同时注意举一反三，灵活运用。

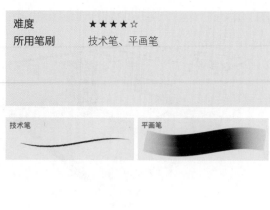

难度	★ ★ ★ ★ ☆
所用笔刷	技术笔、平画笔

技术笔

平画笔

01 新建画布，导入平面图素材。使用"平画笔"笔刷绘制一遍建筑墙体，然后设置画布为"等距"模式。

02 使平面图图层与墙体图层成组，使用"扭曲"模式拉伸素材至合适位置。

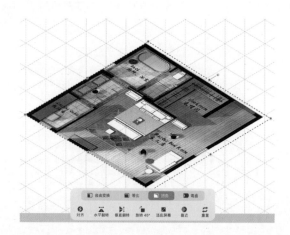

03 调节图层的不透明度。新建图层，使用"技术笔"笔刷借助绘图辅助勾画线框。根据房间宽度预估房间高度，
比例大概准确即可。

04 将墙体图层向上拖曳至屋顶高度。

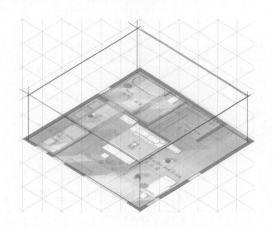

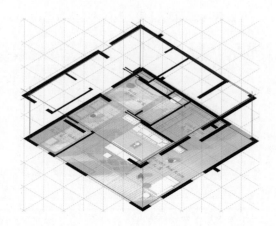

05 新建图层，借助"等距"辅助，自下而上绘制建筑墙体与主要结构。

06 为主要墙体填充底色，以区分墙与地之间的关系，以及墙体的前后关系。

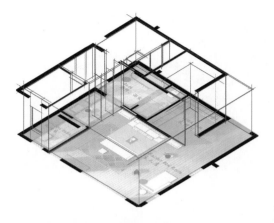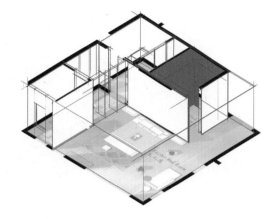

07 绘制主要家具，将线稿调整为黑色，降低线稿图层的不透明度。新建图层，在前面线稿的基础上绘制精细线稿。绘制完成后，为墙体、衣柜、背景墙、床头柜、电视柜等填充底色。

08 绘制厕所、浴室区域结构，分材质进行涂抹。为梳妆区域的柜子填充底色，并区分出衣帽间柜子的明暗面。

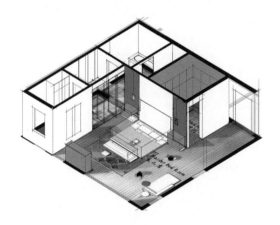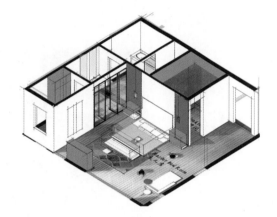

09 新建图层，为床与沙发填充底色。为背景墙添加细节，绘制出衣帽间柜子的结构。

10 为剩余墙体填充颜色，以区分明暗，强调转折。

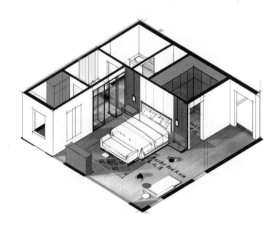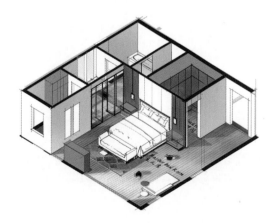

11 绘制墙面投影，并绘制床头背景。调整局部、完善细节，完成轴测图的绘制。

🔍**提示**

　　为了让空间更加清晰，透视角度的选择要以表现重点区域为主，注意隐藏前面墙体，或者将前面阻挡视线的墙体的不透明度降低，让画面有更佳的观赏效果。

课后练习题

　　1. 运用本章所学知识，尝试绘制一张室内设计一点透视鸟瞰图。

　　2. 运用本章所学知识，尝试绘制一张室内设计两点透视鸟瞰图。

　　3. 运用本章所学知识，尝试绘制一张室内设计轴测图。

第11章

iPad 室内设计手绘作品欣赏

学习目标

♦ 了解室内设计手绘效果图在实际案例中的运用。

♦ 能够根据彩色平面图绘制出相应空间的手绘效果图。

11.1 手绘效果图在实际案例中的运用

本节以3个室内设计实例为例，介绍手绘效果图在实际案例中的运用。

11.1.1 室内设计实例展示1

前面章节讲解的基础内容，需要大家在实际工作中灵活运用。通过长时间的积累及在日常工作中的磨炼，大家的手法和技巧运用都会越来越熟练，手绘将帮助大家轻松解决设计过程中出现的问题，提高大家的工作效率。

下图所示为室内平面设计图与原始结构平面图的对比。

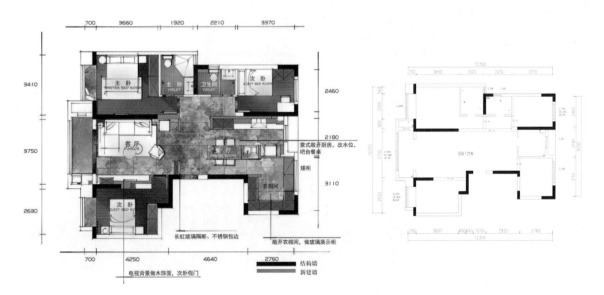

　　项目要求整体色调以灰色、木皮色为主，在保持机能合并的基础上仍然拥有单纯简约的空间；同时要求在空间色彩搭配上给人一种温润柔和的视觉感受，并注重家具材料的环保性与客厅的广阔视野。

　　下面分别是餐厅吧台、客厅电视背景、客厅、主卧等的手绘效果图，以及意向图手绘作品范例。

11.1.2　室内设计实例展示2

本小节以室内平面设计图与客厅意向草图为例进行介绍。

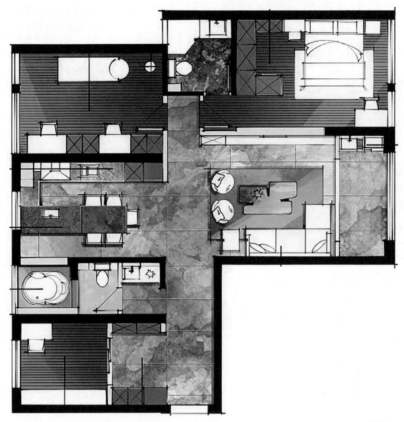

　　在方案设计过程中，设计师不仅容易产生各种各样的想法，而且需要解决各种各样的问题。手绘概念图就是记录想法、表现设计的直观方式，同时也是增强设计能力的一种途径。

下图所示为客厅方案设计效果图。因为单独的意向效果图很难把所有问题都说明白，所以需要组合各种素材，这也是对手绘效果图的补充。

11.1.3　室内设计实例展示3

方案设计过程中会产生大量的创意草图，其对空间有着直观的展示。手绘效果图不需要过度追求写实的材质、逼真的光影氛围等细节，只需通过草图结合意向图表明创意即可。

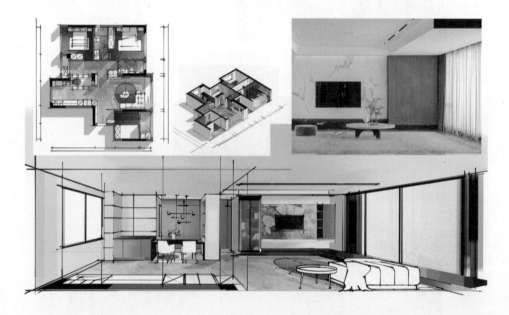

11.2　手绘效果图作品欣赏

学习了手绘效果图在实际案例中的运用之后，下面展示一些优秀的iPad室内设计手绘作品，以供大家学习参考。

课后练习题

1. 室内设计手绘效果图的运用有哪些?

2. 在11.2节中任意选择两张效果图进行临摹。